रसायन में क्रान्ति

रसायन में क्रान्ति

प्रो. चन्द्रशेखर अम्बष्टक

वाणी प्रकाशन

वाणी प्रकाशन

4695, 21-ए, दरियागंज, नयी दिल्ली 110 002

शाखा

अशोक राजपथ, पटना 800 004

फ़ोन : +91 11 23273167 फ़ैक्स : +91 11 23275710

www.vaniprakashan.in
vaniprakashan@gmail.com
sales@vaniprakashan.in

RASAYAN MEIN KRANTI
by Prof. Chandrashekhar Ambashtak

ISBN : 978-93-5229-671-2

Science

संस्करण 2003
आवृत्ति 2017

मूल्य : ₹450

बालाजी ऑफ़सेट प्रेस, दिल्ली-110 093 में मुद्रित

वाणी प्रकाशन का लोगो मक़बूल फ़िदा हुसेन की कूची से

भूमिका

सभ्यता कई मुद्दों से बनी है और रसायन-विज्ञान की गिनती इसके सर्वाधिक प्रमुख मुद्दों में की जाती है।

मनुष्य रसायन के बल पर अयस्कों तथा खनिजों से धातुएं प्राप्त करता है। अगर रसायन न होता, तो आधुनिक धात्विकी भी न होती।

रसायन जंतु, वनस्पति तथा खनिज पदार्थों से अद्वितीय तथा अति सुंदर पदार्थ अलग करता है।

रसायन प्रकृति का अनुसरण ही नहीं करता है, बल्कि हर साल उससे आगे भी बढ़ता जा रहा है। रसायन ने ऐसे हजारों, लाखों पदार्थ उत्पन्न किये हैं, जो प्रकृति में नहीं मिलते हैं। इन पदार्थों में अत्यंत महत्वपूर्ण और उपयोगी गुण विद्यमान हैं, जो मनुष्य के जीवन एवं कार्य के लिये नितांत आवश्यक हैं।

रसायन के नेक कामों की सूची असीम है।

जीवन के हर पहलू में अनगिनत रासायनिक प्रक्रियाओं के साथ वास्ता पड़ता है। रसायन के नियमों के ज्ञान के बिना जैव सक्रियता का सार समझना असंभव है।

मानव के विकास में रसायन का अपना अलग महत्व है।

रसायन हमारा पेट भरता है, हमें कपड़े-जूते पहनाता है तथा हमें वे चीजें देता है, जिनके बिना आधुनिक समाज का गुजारा नहीं हो सकता।

बाह्य अंतरिक्ष में राकेट भेजे गये हैं। रसायन ने उनके इंजनों के लिये इंधन तथा उनके ढांचे के लिये उच्च तापरोधी पदार्थ दिये हैं।

अगर कोई रसायन की सारी बातें लिखनी शुरू कर दे और इसके सारे पहलुओं तथा वैभव का वर्णन करना चाहे, तो एक उच्चतम विकसित देश के कागज का भंडार कम पड़ जायेगा। भाग्यवश अभी तक किसी ने ऐसी बात सोची

नहीं है।

रसायन खुद ही मानव के ज्ञान का इतना लुभावना क्षेत्र है कि एक नीरस, भावहीन तरीके से इसका वर्णन करना असंभव है। इसकी भाषा साधारण तथा स्पष्ट होनी चाहिये, विशेष रूप से जब किताब सामान्य जन के लिये लिखी जा रही हो। परंतु हद से ज्यादा "सरसता" से झुंझलाहट भी हो सकती है....

मुख्य बात यह है कि किस चीज का वर्णन किया जाये ? रसायन की कोई निश्चित सीमायें नहीं हैं, इसके क्षितिज लगातार फैल रहे हैं परंतु लेखकों को पुस्तक के आकार का, उसकी सीमाओं का ख्याल रखना है। अतः प्रकाशन गृह के सुझाव पर लेखकों ने रसायन की निम्न सर्वाधिक महत्वपूर्ण तथा रोचक समस्याओं का वर्णन करने का प्रयास किया है :

(1) तत्वों की आवर्त प्रणाली ;
(2) विभिन्न प्रकार की रासायनिक अभिक्रियाएं ;
(3) कुछ रोचक तथा महत्वपूर्ण रासायनिक यौगिक ;
(4) रसायन में अपनायी जाने वाली अनुसंधान विधियां ;
(5) इस विज्ञान की कुछ व्यावहारिक उपलब्धियाँ।

पुस्तक के विभिन्न भाषाओं में प्रकाशित संस्करणों में छोटे-मोटे परिवर्तन और संशोधन किये गये। परंतु समय बीतता जा रहा है और इस दौरान कई नयी रासायनिक खोजें हुई हैं, जिनकी जानकारी पाठकों के लिये महत्व रखती हैं।

जल और वायु के तत्त्व

इस अध्याय में हम तीन प्राकृतिक गैसों का वर्णन करेंगे : हाइड्रोजन, नाइट्रोजन तथा ऑक्सीजन, जिनकी खोज अठारहवीं शताब्दी के द्वितीय अर्द्धांश की अति महत्त्वपूर्ण घटना थी। पृथ्वी का लगभग सारा वायुमंडल नाइट्रोजन और ऑक्सीजन से बना है (अन्य गैसों की मात्रा बहुत ही थोड़ी होती है)। हाइड्रोजन और ऑक्सीजन के संयोजन से एक अद्वितीय यौगिक-जल प्राप्त होता है। ये तीनों तत्त्व कार्बन के साथ मिलकर कार्बनिक तत्त्व बनाते हैं तथा सब जीव-जंतुओं और वनस्पतियों में (बिना किसी अपवाद के) उपस्थित होते हैं।

हाइड्रोजन, नाइट्रोजन तथा ऑक्सीजन की खोज ने रसायन के विकास में अतिमहत्त्वपूर्ण भूमिका निभायी तथा इसने बहुत-सी आधुनिक धारणाओं को जन्म दिया। इन गैसों की खोज के साथ संबंधित उपलब्धियों की संक्षिप्त सूची निम्न है : दहन का ऑक्सीजन सिद्धांत (अ० लेवूजियो); परमाण्विकी सिद्धांत की स्थापना (ज० डाल्टन); अम्लों तथा क्षारों का सिद्धांत; ऑक्सीजन तथा हाइड्रोजन के सापेक्ष परमाणु भारों (द्रव्यमानों) का निर्धारण। सभी बाकी तत्त्वों के जन्मदाता के रूप में हाइड्रोजन को प्राथमिक पदार्थ मानने की धारणा (व० प्राउट)।

तत्त्वों के इतिहास में हाइड्रोजन, नाइट्रोजन तथा ऑक्सीजन की खोजों का विशेष महत्त्व है। इन तत्त्वों की असली प्रकृति को समझना एक जटिल, विरोधात्मक तथा लंबा प्रक्रम था। रासायनिक प्रतिक्रियाओं के दौरान नए गैसीय पदार्थ (हाइड्रोजन, नाइट्रोजन तथा ऑक्सीजन) मिलने पर भी वैज्ञानिकों को यह पता नहीं था कि उनका वास्ता नए रासायनिक तत्त्वों के साथ पड़ रहा था।

प्राचीन काल से गैस का केवल एक रूप ज्ञात था वायु। इसे भौतिकी के अनुसंधान का विषय माना जाता था। रसायनज्ञों को इसमें कोई दिलचस्पी नहीं थी। विभिन्न प्रक्रियाओं (उदाहरणतया, किण्वन या सड़न) के दौरान जो गैसीय

पदार्थ बनते थे, वैज्ञानिक उन्हें हवा की किस्में समझते थे। गैस की धारणा के साथ मनुष्य का वास्ता केवल सत्रहवीं शताब्दी में पड़ा। इसके जन्मदाता थे प्रसिद्ध प्रकृतिविद् जे० वान-हेल्मोन्ट। उन्होंने यह शब्द यूनानी भाषा से लिया—chaos। एक बार वान-हेल्मोन्ट ने 62 पाउंड लकड़ी जलाकर केवल एक पाउंड राख प्राप्त की। बाकी 61 पाउंड लकड़ी कहाँ गयी? वैज्ञानिक का विचार था कि यह 'लकड़ी की आत्मा' में बदल गयी थी। वैज्ञानिक ने लिखा : 'अभी तक अज्ञात इस आत्मा को मैं एक नया नाम दे रहा हूँ—गैस' अब हम जानते हैं कि लकड़ी जलाकर वान हेल्मोन्ट को कार्बन डाइऑक्साइड प्राप्त हुआ था जिसकी खोज अगली बार केवल 100 साल बाद एक अंग्रेज भौतिकविद् जो० ब्लैक ने की थी। परंतु दुर्भाग्यवश वान-हेल्मोन्ट ने अपनी खोज का महत्त्व नहीं समझा। उन्हें 'लकड़ी की आत्मा' वायु की एक किस्म लग रही थी।

इससे स्पष्ट है कि हम वायु तथा जल के तत्त्वों के लिए 'नए तत्त्वों की खोज' के शब्दों का इस्तेमाल इस अर्थ में नहीं कर सकते हैं जिसमें यह बाद में संभव हुआ। दूसरी तरह से हाइड्रोजन, नाइट्रोजन तथा ऑक्सीजन की खोजें, जो पूर्ववैज्ञानिक काल में हुईं, आकस्मिक खोजों से बिल्कुल भिन्न हैं। इसके दो सबूत हैं—पहला यह कि अठारहवीं शताब्दी में एक सिद्धांत बहुत विकसित था—फ्लोजिस्टन सिद्धांत और दूसरा यह कि जे. वान हेल्मोन्ट के प्रयासों के फलस्वरूप पदार्थ की गैसीय अवस्था रसायन के अध्ययन का विषय बन गयी थी तथा रसायन की एक नयी शाखा—वायवीय रसायन का जन्म हो चुका था जिसकी अपनी अलग अनुसंधान विधियाँ तथा प्रयोगशाला उपकरण थे। अन्य शब्दों में सैद्धांतिक धारणाओं पर आधारित सोद्देश्य अनुसंधान कार्यों ने प्राथमिक गैसों की खोज संभव कर दी। इन खोजों का इतिहास बताने से पहले हम फ्लोजिस्टन सिद्धांत तथा वायवीय रसायन की चर्चा करनी चाहेंगे।

फ्लोजिस्टन सिद्धांत का सार बहुत साधारण था जिसके कारण यह सिद्धांत विश्वासजनक लगता था। इस सिद्धांत का नाम यूनानी शब्द phlogistos से लिया गया है जिसका अर्थ है—'दहनशील।' इस सिद्धांत की क्या जरूरत थी? बात यह थी कि उस वक्त लोगों को यह पता नहीं था कि दहन, धातुओं के निस्तापन तथा श्वसन के दौरान कौनसी प्रक्रियाएँ घटती हैं तथा उनका सार क्या है? बस तभी एक ऐसे पदार्थ—फ्लोजिस्टन के अस्तित्व का विचार पैदा हुआ जो ऊपर बतायी सभी प्रक्रियाओं में मुख्य पात्र की भूमिका निभाता है।

हालांकि 'दहनशील पदार्थ' के अस्तित्व की बात कई वैज्ञानिकों ने कही,

परंतु फ्लोजिस्टन सिद्धांत के असली जन्मदाता जर्मन रसायनज्ञ और चिकित्सक ग० श्ताल थे। उन्होंने इस सिद्धांत को इस प्रकार समझाया: सभी पदार्थ तभी जल सकते हैं जब उनके अंदर फ्लोजिस्टन उपस्थित होगा। किसी भी पदार्थ के अंदर फ्लोजिस्टन की मात्रा जितनी ज्यादा होगी, उसका दहन उतना ही ज्यादा सक्रिय होगा। कोयले का उदाहरण लेते हैं, जो लगभग फ्लोजिस्टन का बना होता है। धातुओं के निस्तापन के दौरान उनका फ्लोजिस्टन बाहर निकल जाता है तथा वे कैलिक्स (calx) में परिवर्तित हो जाती हैं। अगर परितापित धातु में फ्लोजिस्टन मिला दी जाए, तो फिर से शुद्ध धातु प्राप्त हो जाती है। धातुओं के सिंडर का कोयले के साथ परितापन इसका अच्छा उदाहरण हैं इस प्रक्रिया की जानकारी प्राचीन धातुकर्मियों को भी थी।

आधुनिक रसायन के दृष्टिकोण से इस सारी बात का मतलब यह निकलता है कि ऑक्सीकरण के दौरान (उदाहरणतया, किसी धातु के निस्तापन में ऑक्साइड का बनना) धातु के अंदर से फ्लोजिस्टन निकल जाता है; इसके विपरीत अपचयन (धातु के ऑक्साइड के साथ कोयले का परितापन) के दौरान यह फ्लोजिस्टन धातु में फिर से वापस आ जाता है।

यह प्रक्रिया स्पष्ट है कि इसे समझना बहुत सरल है। परंतु आज एक नौसिखिया रसायनज्ञ भी जानता है कि फ्लोजिस्टन सिद्धांत गलत है। इस सिद्धांत का मतलब यह हुआ कि दहन के दौरान पदार्थ का वजन बढ़ने की जगह कम हो जाना चाहिए अर्थात् धातु का ऑक्साइड धातु से हलका होना चाहिए। अगर फ्लोजिस्टन सिद्धांत को सत्य मान लिया जाए तो धातुओं को मिश्रित पदार्थ (धातु + फ्लोजिस्टन) मानना चाहिए तथा उनके ऑक्साइडों को साधारण पदार्थ (धातु–फ्लोजिस्टन) स्वीकार करना चाहिए।

इन बातों के बावजूद भी लगभग 100 साल तक विज्ञान जगत् फ्लोजिस्टन सिद्धांत को मान्यता देता रहा तथा इसके समर्थकों में उस काल के बड़े-बड़े रसायनज्ञ भी शामिल थे, जैसे, केवेंडिश, प्रीस्टली, शील, जिनके नाम वायु तथा जल के तत्त्वों की खोज के साथ संबंधित हैं। इन खोजों के प्रथम चरणों में फ्लोजिस्टन सिद्धांत ने महत्त्वपूर्ण भूमिका निभायी।

गैसों के अध्ययन में वैज्ञानिकों की रुचि ने वायवीय रसायन की स्थापना को प्रेरणा दी जो हाइड्रोजन, नाइट्रोजन तथा ऑक्सीजन की खोज की दिशा में दूसरा आवश्यक कदम था। गैसों का अध्ययन बहुत लंबे अर्से तक इसलिए मुश्किल हो रहा था क्योंकि न तो उन्हें प्राप्त तथा जमा करने की सरल विधियाँ ज्ञात थीं और

न ही उनके गुणों के विश्लेषण की विधियाँ पता थीं। गैसों को भर कर रखने तथा तोलने का एकमात्र बर्तन-जानवरों का मूत्राशय था। गैसों का अध्ययन ठोस पदार्थों तथा द्रवों के मुकाबले बहुत मुश्किल था।

अठारहवीं शताब्दी के आरंभ में इंग्लैंड के एक वैज्ञानिक से० हेल्स ने वायवीव टब का निर्माण किया इस उपकरण में बर्तन, जिसमें गैस बन रही थी (प्रतिक्रिया मिश्रक युक्त भभका) गैस संग्रही भाग से अलग कर दिया गया था। यहाँ एक उल्टा फ्लास्क संग्रही का काम कर रहा था जिसके अंदर पानी भरा हुआ था। गैस के बुलबुले फ्लास्क में घुस कर पानी बाहर निकाल देते थे तथा कुछ समय बाद फ्लास्क गैस से भर जाता था।

एक अन्य अंग्रेज वैज्ञानिक जो० ब्लैक (जिनकी गिनती वायवीय रसायन के जन्मदाताओं में की जाती है) ने भी वायवीय टब का प्रयोग किया। उन्होंने बहुत दिनों से ज्ञात दो यौगिकों—चूने तथा सफेद मैग्नीशियम (कैल्सियम तथा मैग्नीशियम कार्बोनेट) का अध्ययन किया। उन्हें इस यौगिकों के निस्तापन तथा अम्लों के साथ इनकी प्रतिक्रिया से एक गैस प्राप्त हुई। अब हम बड़ी आसानी से समझ सकते हैं कि यह गैस 'लकड़ी की आत्मा' थी, जिसे वान-हेल्मोन्ट ने चारकोल जला कर प्राप्त किया था। परंतु वान हेल्मोन्ट इससे और आगे नहीं बढ़े। ब्लैक ने वान हेल्मोन्ट की तरह यह काम अधूरा नहीं छोड़ा। उन्होंने यह देखा कि निस्तापन या अम्लों की प्रतिक्रिया के फलस्वरूप प्राप्त यौगिक फिर से प्रारंभिक अवस्था में परिवर्तित किए जा सकते हैं।

एक आधुनिक रसायनज्ञ ब्लैक की सफलता पर निम्न टिप्पणी करेगा : वैज्ञानिक ने एक अग्रवर्ती प्रतिक्रिया (कार्बोनेटों का ऑक्साइडों तथा कार्बन डाइऑक्साइड में वियोजन) तथा एक प्रतिवर्ती प्रतिक्रिया ऑक्साइडों में कार्बन डाइऑक्साइड मिश्रित करके आरंभिक उत्पाद की प्राप्ति) की। आरंभिक उत्पादों का द्रव्यमान पूर्णतया पुनः स्थापित हुआ। इस प्रकार ब्लैक को उस कार्य में सफलता मिल गयी जिसमें अन्य वैज्ञानिक असफल रहे थे।

ब्लैक ने गैस का परिबद्ध अवस्था में वजन किया। इस गैस को उन्होंने परिबद्ध, या 'स्थिर' वायु कहा। यह गैस किण्वन प्रक्रिया के दौरान या चारकोल के दहन के दौरान अलग हुई, परंतु इसने न तो श्वसन कायम रहने दिया और न ही दहन। ब्लैक के विचारानुसार यह गैस वायुमंडल का एक स्वतंत्र घटक थी।

इस प्रकार सन् 1754 में 'स्थिर वायु' के नाम से कार्बन डाइऑक्साइड की खोज हुई। इस घटना ने आगे चलकर अन्य गैसों की खोज में अति महत्त्वूपर्ण

भूमिका निभायी। इसका मुख्य कारण यह था कि बहुत सारे वादविवादों के बाद वैज्ञानिक लोग कार्बन डाइऑक्साइड को वायु की एक किस्म की जगह एक स्वतंत्र पदार्थ मानने लगे थे। वे इस गैस को अधिक ठोस पिंडों में उपस्थित मानते थे। चूँकि ऑक्साइडों में कार्बन डाइऑक्साइड मिलाने से प्राप्त पदार्थ का द्रव्यमान आरंभिक पदार्थ के द्रव्यमान से अधिक हो गया, फ्लोजिस्टन सिद्धांत की मुख्य बात गलत सिद्ध हो गयी। परतु इस तथ्य के महत्त्व को मान्यता मिलने में बहुत अर्सा लग गया। इस दौरान फ्लोजिस्टन सिद्धांत वायवीय रसायन के बहुत सारे प्रेक्षणों की व्याख्या का एकमात्र आधार बना रहा।

हाइड्रोजन

हाइड्रोजन की गिनती आवर्त सारणी के सर्वाधिक अद्वितीय तत्त्वों में की जाती है। आवर्त सारणी में इसे प्रथम स्थान दिया गया है। यह गैस अन्य सभी गैसों से हलकी होती है। हाइड्रोजन की खोज से रसायनज्ञों को इस सिद्धांत की बहुत समस्याओं को हल करने का सुअवसर मिला। इसका परमाणु अपने एकमात्र संयोजक इलेक्ट्रॉन को गँवा कर एक 'नंगे' प्रोटोन में परिवर्तित हो जाता है। यही कारण है कि हाइड्रोजन का रसायन बिल्कुल अलग है। यह मूल कण का रसायन है।

किसी जमाने में रूसी रसायनज्ञ द० मेंडेलीफ ने हाइड्रोजन को सर्वाधिक निराला तत्त्व बताया (वे छोटे आवर्तों के तत्त्व निराले समझते थे) क्योंकि रासायनिक तत्त्वों की प्राकृतिक श्रेणी इसी से आरंभ होती है।

कितनी अच्छी बात है कि इतना अद्वितीय तत्त्व सरलता से उपलब्ध हो जाता है। किसी भी स्कूल की प्रतियोगिता में इसे आसानी से प्राप्त किया जा सकता है; उदाहरणतया, जिंक की छिप्टियों पर नमक का अम्ल डाल कर।

उस पुराने जमाने में, जब रसायन एक विज्ञान नहीं था, जब कीमियागर पारसमणि की खोज में पागल थे, कई सारे अम्ल फिर भी ज्ञात थे, जैसे, हाइड्रोक्लोरिक, सल्फ्यूरिक और नाइट्रिक अम्ल, आदि। लौह तथा जिंक जैसी धातुओं का भी पता था। अन्य शब्दों में, उस वक्त भी मनुष्य के पास वे सारे घटक थे जिन की प्रतिक्रिया से हाइड्रोजन बन जाती है। केवल ऐसे अवसर की जरूरत थी जो वैज्ञानिकों के विचार को प्रेरणा दे सके।

16-18 शताब्दियों के रासायनिक इतिहास में ऐसे कई अवसरों का वर्णन किया गया है जब शोधकर्ताओं को जिंक और छिप्टियों पर सल्फ्यूरिक अम्ल

डालने से बुलबुलों का रूप में एक गैस प्राप्त होती थी जिसे वे वायु की ज्वलनशील किस्म समझते थे।

महान् रूसी वैज्ञानिक मि० लोमोनोसोव भी उन वैज्ञानिकों में शामिल थे जिन्हें इस रहस्यमयी किस्म की वायु के अवलोकन का अवसर मिला। सन् 1745 में उन्होंने एक शोध-प्रबंध लिखा जिसका शीर्षक था 'धातुओं की कांति'। इसमें निम्न शब्द पढ़ने को मिलते हैं: "किसी भी साधारण धातु, विशेषतया, लोहे को अम्लीय ऐलकोहलों में विलयित कराने पर फ्लास्क के सूराख से दहनशील वाष्प बाहर निकलती है।" (उस जमाने की शब्दावली के अनुसार अम्लों को अम्लीय ऐलकोहल कहते थे) इससे हम निष्कर्ष निकाल सकते हैं कि लोमोनोसोव को हाइड्रोजन का अवलोकन हुआ था। परंतु अगर उनका वाक्य पूरा पढ़ा जाए तो पता चलता है कि उन्होंने इसे फ्लोजिस्टन समझा था। अम्ल में विलयित होकर धातु नष्ट हो गय़ी और दहनशील वाष्प (materia ignea) उत्पन्न हुई जिसकी वजह से यह विश्वास करना बहुत सरल था कि विलयित होने के दौरान धातु ने फ्लोजिस्टन खो दिया। इस प्रकार हर बात फ्लोजिस्टन सिद्धांत के अनुसार बिल्कुल ठीक निकलती थी।

अब हम अद्वितीय अंग्रेज वैज्ञानिक केवेन्डीश की चर्चा करने जा रहे हैं जो एक उत्तम प्रयोगकर्ता थे तथा जिन्होंने बड़ी निष्ठा के साथ विज्ञान की सेवा की। केवेन्डीश अपने प्रयोगों के परिणामों की घोषणा करने में कभी भी जल्दी नहीं करते थे तथा कई बार कई सालों बाद वे अपने लेख छपवाते थे। इस वजह से आज यह बताना बहुत मुश्किल है कि इस वैज्ञानिक ने दहनशील वायु का प्रेक्षण करके इसका कब वर्णन किया। इतना अवश्य ज्ञात है कि उनका यह अनुसंधान कार्य वायवीय रसायन की दृष्टि से किया गया था तथा 1766 में इस संबंध में उनका यह लेख छपा, जिसका शीर्षक था–"कृत्रिम वायु के साथ प्रयोग"। यह भी अनुमान लगाया जा सकता है कि यह कार्य उन्होंने ब्लैक के काम से प्रभावित होकर किया था। केवेन्डीश की 'स्थिर' वायु में रुचि थी जिसके कारण उन्होंने परीक्षण द्वारा यह देखने का फैसला किया कि क्या कृत्रिम वायु के अन्य रूप भी होते हैं? वैज्ञानिक ने पदार्थों में उपस्थित परिबंद्धित अवस्था में एक किस्म की हवा को यह नाम दिया जिसे कृत्रिम विधि द्वारा पृथक् किया जा सकता था। केवेन्डीश को पता था कि अन्य कई वैज्ञानिकों ने भी कई बार दहनशील वायु का प्रेक्षण किया। वे खुद भी इसे उसी विधि से प्राप्त करते रहे : लोहे, जिंक तथा टिन पर सल्फ्यूरिक अम्ल की प्रतिक्रिया द्वारा, परंतु वे प्रथम व्यक्ति थे जिन्हें पक्का विश्वास था कि हर बार एक ही किस्म की वायु प्राप्त होती

थी—दहनशील वायु। वे प्रथम वैज्ञानिक थे जिन्होंने दहनशील वायु के अद्वितीय गुणों पर गौर किया। फ्लोजिस्टन सिद्धांत के अनुयायी होने के कारण केवेन्डीश ने इस पदार्थ की प्रकृति की केवल एक व्याख्या दी। लोमोनोसोव की तरह उन्होंने भी इस दहनशील वायु को फ्लोजिस्टन समझा। उनके कथनानुसार विभिन्न धातुओं में फ्लोजिस्टन की मात्रा अलग-अलग होती है। इस प्रकार ब्लैक की 'स्थिर' वायु में केवेन्डीश की दहनशील वायु जुड़ गयी। सच बात तो यह है कि दोनों में से किसी ने भी कोई नयी बात नहीं खोजी। दोनों ने पूर्द प्रेक्षणों के सार ही प्रस्तुत किए। परंतु मनुष्य के ज्ञान के इतिहास में इनकी अति महत्त्वपूर्ण भूमिका रही।

प्रतिबद्ध वायु तथा दहनशील वायु दो अलग-अलग चीजें थीं तथा दोनों साधारण वायु से भिन्न थीं दहनशील वायु बहुत ही हलकी थी। केवेन्डीश ने देखा कि उनके द्वारा अलग किया फ्लोजिस्टन द्रव्यमान युक्त था। वे पहले वैज्ञानिक थे जिन्होंने विभिन्न गैसों की मात्रा की इकाई-घनत्व को जन्म दिया। उन्होंने वायु का घनत्व इकाई मानकर दहनशील वायु का घनत्व 0.09 तथा प्रतिबद्ध वायु का 1.57 निकाला। यहाँ केवेन्डीश प्रयोगकर्ता तथा केवेन्डीश—फ्लोजिस्टन वादी के बीच एक मतभेद पैदा हो गया। अगर दहनशील वायु में धनात्मक द्रव्यमान है तो उसे किसी भी हालत में शुद्ध फ्लोजिस्टन नहीं माना जा सकता। अन्यथा धातुएँ दहनशील वायु खोकर खुद भी द्रव्यमानरहित हो जाएँगी। इस मतभेद को दूर करने के लिए केवेन्डीश ने एक नयी परिकल्पना प्रस्तुत की। उन्होंने दहनशील वायु को फ्लोजिस्टन तथा जल का मिश्रण घोषित किया। इस परिकल्पना का सार यह था कि हाइड्रोजन को आखिकार दहनशील वायु का एक अवयव मान ही लिया गया।

उक्त तथ्यों से यह निष्कर्ष निकलता है कि केवेन्डीश भी अपने पूर्वाधिकारियों की तरह दहनशील वायु की प्रकृति नहीं समझ पाए, हालांकि उन्होंने इसका वजन किया, इसके गुणों का वर्णन किया तथा इसे कृत्रिम वायु का एक स्वतंत्र रूप बताया। केवेन्डीश को खुद भी इस तरह का पता नहीं था कि वे प्राप्त फ्लोजिस्टन का जिस तरह से अध्ययन कर रहे थे, उस तरह से केवल एक नये रासायनिक तत्त्व का अध्ययन किया जाता है। उस जमाने में फ्लोजिस्टन सिद्धांत का इतना ज्यादा बोलबाला था कि केवेन्डीश के दिमाग में यह विचार तक नहीं आया कि दहनशील वायु एक गैसीय रासायनिक तत्त्व है। यह जानते हुए भी कि दहनशील वायु के वास्तविक गुण फ्लोजिस्टन सिद्धांत का खंडन करते हैं, केवेन्डीश ने अपनी नयी परिकल्पना प्रस्तुत की, जो फ्लोजिस्टन सिद्धांत जितनी ही गलत थी।

अतः यह कहना गलत होगा कि 1766 में अंग्रेज वैज्ञानिक केवेन्डीश ने

हाइड्रोजन की खोज की। वास्तव में उन्होंने अन्य वैज्ञानिकों के मुकाबले दहनशील वायु के बनाने के प्रक्रमों तथा उसके गुणों का ज्यादा विस्तार से वर्णन किया, परन्तु वे दहनशील वायु की प्रकृति समझने में फिर भी असफल ही रहे। इसमें केवेन्डीश का कोई दोष नहीं था, क्योंकि उस वक्त रसायन इतना विकसित नहीं हुआ था। हाइड्रोजन को सही मान्यता मिलने तथा रसायन में उपयुक्त स्थान लेने में कई साल लग गए।

इसका लातीनी नाम हाड्रोजीनियम hydrogenium यूनानी शब्दों हाइड्र (hydr) तथा जीनाओ (gennao) से बनाया गया है जिसका अर्थ है–"जल उत्पन्न करता हूँ।" लेवूजियो ने 1779 में इसे यह नाम देने का प्रस्ताव रखा, जब जल का अवयवानुपात पता चल गया था। इसका चिह्न H बर्जेलियस के प्रस्ताव पर रखा गया।

हाइड्रोजन को अद्वितीय तत्त्व की संज्ञा इसलिए दी गयी है कि इसके समस्थानिकों के भौतिक तथा रासायनिक गुण भिन्न होते हैं। इस भिन्नता के कारण किसी जमाने में कुछ वैज्ञानिक हाइड्रोजन के समस्थानिकों को स्वतंत्र तत्त्व समझने लगे तथा आवर्त सारणी में इनके लिए विशेष स्थान ढूँढ़ने लगे। यही कारण है कि हाइड्रोजन के समस्थानिकों की खोज का इतिहास काफी दिलचस्प है। इसके बिना हाइड्रोजन का इतिहास अधूरा है।

बीसवीं शताब्दी के तीसरे दशक में रसायनज्ञ हाइड्रोजन के समस्थानिकों का पता लगाने का प्रयास कर रहे थे, परंतु उनके प्रयास व्यर्थ हुए। इसके परिणामस्वरूप एक गलत मान्यता पैदा हुई कि हाइड्रोजन के समस्थानिक नहीं होते हैं। फिर भी 1931 में यह विचार प्रस्तुत किया गया कि हाइड्रोजन का एक भारी समस्थानिक होता है जिसकी द्रव्यमान संख्या 2 है। चूंकि यह समस्थानिक हाइड्रोजन के हलके समस्थानिक से दुगुना भारी होना चाहिए, अतः वैज्ञानिकों ने भौतिक विधियों द्वारा भारी हाइड्रोजन को विखंडित करने की कोशिश की। सन् 1932 में अमरीकी वैज्ञानिकों यूरे, ब्रिक्वेडे तथा मर्फी ने द्रवित हाइड्रोजन को वाष्पित करके अवशेष का स्पेक्ट्रोमीटर द्वारा अध्ययन किया। उन्हें अवशेष में हाइड्रोजन का एक भारी समस्थानिक मिला। वायुमंडल में यह समस्थानिक केवल 1941 में खोजा गया। इसका नाम ड्यूटीरियम रखा गया जो यूनानी शब्द 'ड्यूटीरोस' (deuteres) से लिया गया है जिसका अर्थ है–"द्वितीय, और कोई।" हाइड्रोजन का अगला समस्थानिक ट्राइटियम (यूनानी शब्द ट्राइटोस (trites) तृतीय) रेडियोधर्मी (विघटनाभिक) होता है तथा इसकी द्रव्यमान संख्या 3 है। इसकी खोज अंग्रेज

वैज्ञानिकों म० ओलीफेंट, पी० हार्टेक तथा अ० रदरफोर्ड ने की। हाइड्रोजन के मुख्य समस्थानिक का नाम प्रोटियम रखा गया। केवल हाइड्रोजन एक ऐसा तत्त्व है जिसके समस्थानिकों के नाम तथा चिह्न (H, D व T) अलग-अलग हैं। हाइड्रोजन की 99.99% मात्रा प्रोटियम तथा बाकी ड्यूटीरियम है। ट्राइटियम की मात्रा न के बराबर होती है।

नाइट्रोजन

हालांकि पृथ्वी के वायुमंडल में प्रतिबंद्ध वायु (कार्बन डाइऑक्साइड) तथा दहनशील वायु (हाइड्रोजन) की उपस्थिति बाद में ज्ञात हुई, परंतु इनकी खोजों का वायुमंडल के अध्ययन के साथ कोई संबंध नहीं था। प्राकृतिक वायु 'क्लासिकी' वायु समझी जाती थी तथा किसी ने यह सोचा तक नहीं था कि यह गैसों का मिश्रण भी हो सकती है। परंतु फिर भी वायुमंडल के अध्ययन ने ही वायवीय रसायन के विकास में अति महत्त्वपूर्ण योगदान दिया।

वायुमंडल के अध्ययन से मनुष्य को नाइट्रोजन का पता चला। हालांकि एक विशेष वैज्ञानिक को इस तत्त्व की खोज का श्रेय दिया जाता है, इसकी खोज की सही तिथि भी बतायी जाती है, परंतु यह निश्चितता भ्रमजनक है। वास्तव में नाइट्रोजन के इतिहास को वायवीय रसायन की मुख्य घटनाओं से प्रथक् करना बहुत मुश्किल है।

लोग प्राचीन काल से नाइट्रोजन के यौगिकों से परिचित हैं, उदाहरणार्थ, शोरे और नाइट्रिक अम्ल से। उन्हें अक्सर नाइट्रोजन डाइऑक्साइड के भूरे वाष्प दिखाई देते थे। स्वाभाविक है कि नाइट्रोजन के अकार्बनिक यौगिकों के विखंडन की सहायता से नाइट्रोजन की खोज असंभव थी। इस तत्त्व में न कोई स्वाद है, न रंग और न ही कोई गंध है। रासायनिक प्रतिक्रिया में भी यह निष्क्रिय है। इन सब बातों के कारण रसायनज्ञों का ध्यान नाइट्रोजन की ओर आकर्षित नहीं हुआ।

इसी कारण हमें यह मुश्किल लगता है कि नाइट्रोजन के इतिहास का वर्णन कहाँ से शुरू किया जाए। हम इस तत्त्व का इतिहास 1767 से शुरू करते हैं, जब हे० केवेन्डीश तथा एक अन्य विख्यात अंग्रेज भौतिकविद्, रसायनज्ञ और दार्शनिक जे० प्रीस्टली ने विभिन्न गैसों पर विद्युत् विसर्जनों की प्रतिक्रिया का अध्ययन शुरू किया। उन दिनों ऐसी गैसों की संख्या बहुत कम थी : साधारण वायु, प्रतिबद्ध वायु तथा दहनशील वायु। हालांकि इन प्रयोगों से कोई निश्चित परिणाम नहीं मिले, परंतु बाद में यह सिद्ध हो गया कि विद्युत विसर्जन से आर्द्र वायु में नाइट्रिक

अम्ल बनता है। आगे चलकर इस तथ्य ने पृथ्वी के वायुमंडल की गैसीय अवयवानुपात के विश्लेषण में काफी महत्त्वपूर्ण भूमिका निभायी।

1777 में केवेन्डीश ने प्रीस्टली को एक व्यक्तिगत पत्र द्वारा इस बात की सूचना दी कि उन्हें वायु की एक नयी किस्म बनाने में सफलता मिल गयी है जिसका नाम उन्होंने श्वासावरोधी या विषाक्त वायु रखा है। केवेन्डीश ने साधारण वायु को तप्त कोयले के ऊपर से गुजारा तथा इस प्रयोग को कई बार दोहराया। इस प्रयोग से जो प्रतिबद्ध वायु उत्पन्न हुई, उसे क्षार ने सटक लिया। बची हुई वायु विषाक्त थी। केवेन्डीश ने इस विषाक्त वायु का बहुत गौर से अध्ययन नहीं किया। उन्होंने अपने पत्र में प्रीस्टली को केवल इसकी खबर दी। बाद में केवेन्डीश ने इस विषाक्त वायु का अध्ययन किया तथा इस दिशा में उन्होंने काफी सफलता प्राप्त की, परंतु इसकी खोज का श्रेय एक दूसरे वैज्ञानिक को मिल चुका था।

प्रीस्टली को जब केवेन्डीश का पत्र मिला, वे काफी महत्त्वपूर्ण प्रयोगों में व्यस्त थे। उन्होंने पत्र में लिखी बात पर कोई ध्यान नहीं दिया। उन दिनों प्रीस्टली वायु के एक निश्चित आयतन में विभिन्न दहनशील पिंड जला रहे थे तथा धातुओं का परितापन कर रहे थे। प्रयोग के दौरान, जो प्रतिबद्ध वायु बनती थी, उसे वे चूने के पानी द्वारा अलग कर देते थे। प्रीस्टली ने अपने प्रयोग के दौरान एक महत्त्वपूर्ण बात देखी कि वायु का आयतन काफी कम हो गया। आज का पाठक इस विशेष परिवर्तन का कारण समझता है। उसे पता है कि धातुओं के निस्तापन या पिंडों के दहन के फलस्वरूप उपकरण के ऊपर उपस्थित ऑक्सीजन प्रतिक्रिया में भाग लेता है और तत्त्वों के साथ यौगिक बनाता है तथा वहाँ केवल नाइट्रोजन बाकी रह जाता है। परंतु उस वक्त प्रीस्टली को ऑक्सीजन जैसी किसी गैस के अस्तित्व की बात बिल्कुल पता नहीं थी (दो साल बाद वे इसके खोजियों की सूची में शामिल हो गए), अतः अपने प्रेक्षण की व्याख्या के लिए उन्होंने फ्लोजिस्टन का सहारा लिया। प्रीस्टली का विचार था कि फ्लोजिस्टन के प्रभाव के कारण ही धातुओं के निस्तापन से ऐसा परिणाम मिला था। उपकरण में बची वायु फ्लोजिस्टन से संतृप्त है, अतः इसे 'फ्लोजिस्टिड वायु' कहा जा सकता है। यह वायु न तो श्वसन कायम रखती है और न ही दहन।

इस प्रकार हम देखते हैं कि प्रीस्टली ने वह गैस प्राप्त की जिसको आगे चलकर नाइट्रोजन के नाम से पुकारा गया। परंतु इस अत्यधिक महत्त्वपूर्ण परिणाम को प्रीस्टली ने गौण महत्त्व दिया। उनके लिए 'फ्लोजिस्टिड वायु' का अस्तित्व इस बात का सबूत था कि प्राकृतिक प्रक्रमों में फ्लोजिस्टन एक निश्चित भूमिका

निभाता है। यह बात एक बार फिर सिद्ध करती है कि फ्लोजिस्टन सिद्धांत ने प्राथमिक गैसों की खोज में कितनी रुकावट पैदा की।

इस प्रकार न केवेन्डीश और न ही प्रीस्टली इस नयी गैस की प्रकृति समझ पाए। इस काम में सफलता बाद में मिली, जब रसायन विज्ञान में ऑक्सीजन प्रकट हुआ। ब्लैक के शिष्य, अंग्रेज चिकित्सक डे० रदरफोर्ड ने, जिन्हें नाइट्रोजन का आविष्कारक माना जाता है, अपने साथी वैज्ञानिकों की तुलना में कोई नया काम नहीं किया। 1772 के सितम्बर में उन्होंने मास्टर की डिग्री प्राप्त करने के लिए एक शोध प्रबंध प्रकाशित किया जिसका शीर्षक निम्न था–"तथाकथित वायु और विषाक्त वायु के बारे में कुछ विचार।" इस प्रबंध में उन्होंने बाद में नाइट्रोजन के नाम से प्रसिद्ध एक गैस के गुणों का वर्णन किया। रदरफोर्ड के कथनानुसार यह गैस चूने के पानी या क्षार में अवशोषित नहीं होती थी तथा श्वसन के लिए अनुपयुक्त थी। वैज्ञानिक ने इस गैस का नाम 'खराब गैस' रखा।

अभी नाइट्रोजन की वास्तविक खोज नहीं हुई थी और इसे गैसीय रासायनिक तत्त्व के रूप में स्वीकार नहीं किया गया था। अठारहवीं शताब्दी के सातवें दशक में नाइट्रोजन को तीन नामों से पुकारा जाता था जिसकी वजह से और भी ज्यादा गड़बड़ी पैदा हो गयी थी। फ्लोजिस्टिड, विषाक्त तथा खराब गैस को अभी असली नाम नहीं मिला था।

अ० लेवूजियो तथा कुछ अन्य फ्रेंच वैज्ञानिकों ने 1787 में इसका नाम नाइट्रोजन रखा। ये लोग नयी रासायनिक नामावली के संस्थापक थे। उन्होंने इसका नाम 'azote' रखा। यूनानी भाषा में उपसर्ग 'a' का अर्थ है रहित तथा शब्द 'zoe' का अर्थ है–जीवन। वैज्ञानिकों ने नाइट्रोजन में निम्न मुख्य गुण देखें : निर्जीव, श्वसन और दहन के लिए अनुपयुक्त। बाद में उनकी यह धारणा गलत सिद्ध हो गयी क्योंकि पता चला कि नाइट्रोजन वनस्पतियों के जीवन के लिए बहुत आवश्यक है। परंतु इसका नाम 'azote' बदला नहीं गया। इस तत्त्व का चिह्न N लातीनी शब्द नाइट्रोजिनियम (nitrogenium) से लिया गया है इसका अर्थ है–'शोरा बनाने वाला।"

केवेन्डीश ने नाइट्रोजन के गुणों का विस्तारपूर्वक अध्ययन किया। उनकी गिनती उन प्रथम वैज्ञानिकों में की जाती है जिन्होंने फ्लोजिस्टिड वायु को साधारण वायु का अवयव माना। एक दिन प्रयोगों के दौरान केवेन्डीश को फ्लोजिस्टिड वायु की एकरूपता पर संदेह हुआ। उन्होंने इस वायु में ऑक्सीजन मिला कर उस में विद्युत् स्पार्क प्रवाहित किया जिसके फलस्वरूप ऑक्सीजन तथा सारी वायु

नाइट्रोजन ऑक्साइड में परिवर्तित हो गयी जिसे उन्होंने प्रतिक्रिया क्षेत्र से अलग कर दिया। केवेन्डीश ने देखा कि हर बार फ्लोजिस्टिड वायु (नाइट्रोजन) का थोड़ा-सा अंश निष्क्रिय बना रहा और ऑक्सीजन के साथ प्रतिक्रिया नहीं करता था। यह बहुत ही थोड़ा अंश था—गैस के एक छोटे बुलबुले के रूप में, इसमें कुछ नाइट्रोजन का 1/125वां अंश था। यह बात 1785 की है। केवेन्डीश ने इस परिघटना का सार समझने की कोशिश नहीं की। केवल 100 साल बीतने पर इस रहस्य का भेद खुला जिसका वर्णन IX अभ्यास में किया जाएगा, जहाँ हम निष्क्रिय गैसों की चर्चा करेंगे।

ऑक्सीजन

बिना किसी संकोच के यह कहा जा सकता है कि ऑक्सीजन के अलावा शायद ही और कोई तत्त्व है जिसने रसायन के विकास में इतनी महत्त्वपूर्ण भूमिका निभायी। इस प्राणदायक गैस के कारण अठारहवीं शताब्दी के अंत में रसायन ने बहुत ज्यादा तरक्की की। सबसे पहले ऑक्सीजन ने फ्लोजिस्टन सिद्धांत का खंडन कर दिया। हालांकि यह सिद्धांत गलत जरूर था पर इसका ऐतिहासिक महत्त्व तुच्छ नहीं समझना चाहिए। इस सिद्धांत की सहायता से उस जमाने की रासायनिक धारणाओं का वर्गीकरण किया जाता रहा, प्रकृति और प्रयोगशालाओं में घट रही विभिन्न प्रक्रियाओं का मूल्याँकन एक दृष्टिकोण से किया जाता रहा। (हालांकि वह दृष्टिकोण गलत था), इस की बदौलत अनुसंधान कार्यों के सामने एक आम लक्ष्य आया। फ्लोजिस्टन सिद्धांत ने ही हाइड्रोजन और नाइट्रोजन की खोज में अपना योग दिया, परंतु 'वायु की इन किस्मों' के अध्ययन से ऐसे नए तथ्यों का संचय हुआ जिनको नए दृष्टिकोण से समझने की आवश्यकता पड़ी। अन्य शब्दों में रसायन को अपनी उपलब्धियों की आवश्यकता पड़ी। अन्य शब्दों में रसायन को अपनी उपलब्धियों पर नयी नजर डालने की सख्त जरूरत महसूस हुई और ऑक्सीजन ने यह संभावना प्रस्तुत की।

...फ्लोजिस्टन सिद्धांत को चुनौती देते हुए कई वैज्ञानिक पहले भी यह अनुमान लगाते रहे कि ज्वलनशील पिंडों के दहन तथा धातुओं के निस्तापन के दौरान ये चीजें वायु में एक 'अनुकल्प' (substitute) ले लेती हैं। 1673 में राबर्ट बॉयल निम्न फैसले पर पहुँचे थे—लेड तथा एंटिमनी के परितापन के दौरान 'अग्नि पदार्थ' (materia ignea) के छोट-छोटे कणों के मिलने के कारण इन धातुओं का वजन बढ़ जाता है। इस घटना के 80 साल बाद महान् रूसी वैज्ञानिक लोमोनोसोव

ने निम्न शब्द कहे—"अच्छे वैज्ञानिक रा० बायॅल की धारणा गलत है।" लोमोनोसोव ने साफ-साफ कह दिया कि दहन के प्रक्रम में वायु भाग लेती है तथा इस प्रक्रम के दौरान वायु के कण निस्तापित पिंड के साथ मिल कर उसका द्रव्यमान बढ़ा देते हैं।

जिन दिनों वायवीय रसायन की जड़ें मजबूत हो रही थीं, फ्रेंच रसायनज्ञ प० बेयन ने एक लेख (1774) प्रकाशित किया, जिसमें उन्होंने निस्तापन के दौरान धातुओं का द्रव्यमान बढ़ने के कारण पर प्रकाश डाला। उन्हें विश्वास था कि निस्तापन के दौरान एक विशेष किस्म की वायु—एक लचकदार तरल पदार्थ-धातु में मिल जाता था जो साधारण वायु से भारी होता था। बेयन ने मर्करी यौगिकों के ऊष्मीय विखंडन द्वारा यह तरल पदार्थ प्राप्त किया तथा दूसरी बार विपरीत क्रिया द्वारा अर्थात् धात्विक मर्करी की प्रतिक्रिया से तरल पदार्थ को लाल रंग के यौगिक में परिवर्तित कर दिया।

दुर्भाग्यवश बेयन ने अपना अनुसंधान कार्य यहीं तक सीमित रखा, उन्होंने विषय का और आगे अध्ययन नहीं किया। परंतु आगे चलकर आप देखेंगे कि वैज्ञानिक का ऑक्सीजन के साथ वास्ता पड़ा था। दो बातें याद रखिए—1774 के वर्ष को तथा बेयन द्वारा अवलोकित यौगिक—लाल मर्करी ऑक्साइड को। उसी साल प्रीस्टली ने भी इसी यौगिक के साथ प्रयोग किया। इससे कुछ दिन पहले उन्होंने इस तथ्य पर ध्यान दिया कि हरी वनस्पतियों की उपस्थिति में प्रतिबंद्ध वायु जो श्वसन को सहारा नहीं देती, फिर से साधारण वायु-सी बन जाती है जो जंतुओं के श्वसन के लिए उपयुक्त है। यह तथ्य केवल रसायन के लिए ही नहीं बल्कि जीवविज्ञान के लिए भी बहुत अधिक महत्त्वपूर्ण था। प्रीस्टली प्रथम वैज्ञानिक थे जिन्होंने यह सिद्ध किया कि वनस्पतियाँ ऑक्सीजन बाहर निकालती हैं।

18वीं शताब्दी के सातवें दशक के आरंभ में मनुष्य शोरा गैस से परिचित हो चुका था जो लोहे की छिट्टियों पर तनु नाइट्रिक अम्ल की प्रतिक्रिया से प्राप्त होती थी। प्रयोगों से वैज्ञानिकों को यह पता चला कि शोरा गैस को नर्म लौह चूरे की सहायता से वायु के एक नए रूप में बदला जा सकता है, जो दहन के लिए उपयुक्त परंतु श्वसन के लिए अनुपयुक्त है। इस प्रकार प्रीस्टली ने नाइट्रोजन के एक और ऑक्साइड N_2O की खोज की जिसका नाम उन्होंने dephlogisticated saltpetre gas रखा। 1 अगस्त 1774 का दिन प्रीस्टली के लिए एक आम दिन की तरह था, वह अपनी प्रयोगशाला में बड़ी मेहनत के साथ प्रयोग कर रहे थे, पर

रसायन के इतिहास में यह दिन अमर होने जा रहा था।

उन्होंने एक पात्र में लाल मर्करी ऑक्साइड भर कर उसे बंद कर दिया और फिर एक बड़े लैंस की सहायता से उस पात्र की ओर सूरज की किरणों को केंद्रित किया। पात्र में भरा यौगिक विखंडित होकर चमकदार धात्विक मर्करी तथा एक गैस में परिवर्तित हो गया। (कई सालों बाद इस गैस का नाम ऑक्सीजन रखा गया तथा यह तीसरी प्राथमिक गैस हुई)। ऑक्सीजन को नाइट्रोजन की तरह पहली बार वायुमंडल से प्राप्त नहीं किया गया। वायु का नया रूप एक ठोस रासायनिक यौगिक से प्राप्त किया गया। प्रीस्टली की गैस श्वसन के उपयुक्त थी। इस गैस के वायुमंडल में रखी मोमबत्ती साधारण वायु में रखी मोमबत्ती की अपेक्षा अधिक तीव्र प्रकाश दे रही थी। जब नई गैस को वायु में मिलाया गया तो कोई नई बात नहीं दिखायी दी, परंतु शोरे के साथ मिलाते ही इस गैस में से भूरे रंग की वाष्प निकलने लगी (आज इसे NO_2 के नाम से जाना जाता है जो NO से बनती है। जब शोरे गैस पर साधारण वायु की प्रतिक्रिया करायी गयी, तब भी लगभग इसी तरह के परिणाम मिले हालांकि वे इतने स्पष्ट नहीं थे। अब प्रीस्टली को बस निम्न शब्द कहने थे : ''नई गैस वायु का अंग है।'' परंतु वे यह कहने के लिए तैयार नहीं थे। उन्होंने वायु के नए रूप को "dephlogisticated air" के नाम से पुकारा। फ्लोज़िस्टन सिद्धांत के अनुयायी से और क्या आशा की जा सकती थी।

इस खोज के बाद (यह ऑक्सीजन के इतिहास की एक महत्त्वपूर्ण घटना है) प्रीस्टली पेरिस आ गए जहाँ उन्होंने अन्य फ्रेंच वैज्ञानिकों को अपने प्रयोगों की बात बतायी। लेवेजियो को अपने अंग्रेज साथी के प्रयोग का महत्त्व एकदम समझ में आ गया। वे इसका महत्त्व आँकने में प्रीस्टली से आगे निकल गए। प्रीस्टली फिर भी नयी गैस को dephlogisticated air ही कहते रहे (यह फ्लोजिस्टन सिद्धांत की मजबूती का एक और सबूत है)। अपनी खोज की महानता न समझते हुए प्रीस्टली dephlogisticated air को एक मिश्रित

सी. शील

पदार्थ मानते रहे। केवल 1786 में लेवूजियो के विचारों से प्रभावित होकर उन्होंने एक गैसीय प्राथमिक पिंड के रूप में इसका अध्ययन शुरू कर दिया।

इस प्रकार ऑक्सीजन की खोज का श्रेय दो वैज्ञानिकों को मिलता है—बेयन तथा प्रीस्टली को। इस सूची में एक नाम और शामिल करना चाहिए—सुप्रसिद्ध स्वीडिश रसायनज्ञ क० शील का। 1777 में उन्होंने एक पुस्तक लिखी जिसका शीर्षक था—"वायु तथा अग्नि के बारे में रासायनिक निबंध।" इस पुस्तक ने उनका नाम सारे वैज्ञानिक जगत् में प्रसिद्ध कर दिया। वास्तव में उन्होंने यह पुस्तक 1775 में लिखी, परंतु प्रकाशक की गलती से यह दो साल बाद छापी गयी। इस भूल के कारण शील से ऑक्सीजन के खोजकर्त्ता का पद छिन गया, हालांकि उन्होंने बेयन तथा प्रीस्टली से काफी पहले 1774 में ही इस गैस का वर्णन किया तथा उनकी व्याख्या इन दो वैज्ञानिकों से काफी ज्यादा स्पष्ट तथा यथार्थ थी। शील ने अकार्बनिक यौगिकों के विखंडन से कई विधियों द्वारा ऑक्सीजन (fiery air) प्राप्त की। उन्होंने गंधक के अम्ल के साथ शोरे का आसवन करके भूरी वाष्प निकाली जो उच्च ताप पर रंगहीन हो गई। शील ने इन वाष्पों को एक बर्तन में इकट्ठा कर लिया और इस नई गैस का नाम 'अग्निमय वायु' रखा। प्रीस्टली की तरह शील की इस गैस में रखी मोमबत्ती का प्रकाश भी साधारण वायु में रखी मोमबत्ती के प्रकाश से काफी तीव्र था। शील यह समझते थे कि अग्निमय वायु साधारण वायु का एक अवयव है। उन्होंने इसमें रदरफोर्ड की विषाक्त या खराब गैस को मिलाकर दोनों गैसों का एक मिश्रण तैयार किया। इस मिश्रण में और साधारण वायु में तनिक भी अंतर नहीं था। वैज्ञानिक को इस बात का अंदाजा हो गया था कि वायुमंडल दो गैसों का मिश्रण है जिनके नाम आगे चलकर नाइट्रोजन और ऑक्सीजन रखे गए। यह बात हमें आसान लगती है क्योंकि आज ज्ञान बहुत बढ़ चुका है, परंतु उन दिनों रसायन इतना विकसित नहीं था। और फिर शील वैसे भी फ्लोजिस्टन सिद्धांत के भक्त थे। दहनशील वायु (हाइड्रोजन) को वायु के साथ एक पात्र में जलाकर वैज्ञानिक को दहनशील वायु तथा अग्निमय वायु की प्रतिक्रिया के उत्पाद का कोई निशान नहीं मिला। वे तो सिर्फ इस निर्णय पर पहुँचे कि इस प्रतिक्रिया से ऊष्मा उत्पन्न होती है। उनके विचारानुसार अग्निमय वायु फ्लोजिस्टन के साथ मिलकर ऊष्मा पैदा करती है जिसके 'विखंडन' से अग्निमय वायु प्राप्त होती है अर्थात् ऑक्सीजन एक ज्वाला के रूप में निकलती है।

जिस वक्त शील ने अग्निमय वायु की खोज की, उन्हें प्रीस्टली के प्रयोगों की तनिक भी जानकारी नहीं थी। उन्होंने 30 सितंबर 1774 को लेवूजियो के नाम

एक पत्र में इस बात की सूचना भेजी। बड़े अफसोस की बात है कि शील के प्रयोगों के परिणाम बहुत देर से छापे गए। अगर वे पहले छप गए होते तो शायद प्राथमिक गैसों की प्रकृति के अध्ययन में इतना ज्यादा वक्त न लगता।

एक प्रतिभाशाली रयायनज्ञ लेवूजियो के प्रयासों से विज्ञान जगत् को प्राथमिक गैसों की प्रकृति का ज्ञान प्राप्त हुआ। जिन दिनों फ्लोजिस्टन सिद्धांत की तूती बोल रही थी, रसायनज्ञों ने अपने प्रयोगों से ऐसे तथ्य इकट्ठे कर लिए, जिन्होंने रसायन की दुनिया में एक क्रांति ला दी। फ्रे० एंगेल्स ने इसके बारे में निम्न शब्द लिखे : 'लेवूजियो प्रीस्टली द्वारा प्राप्त ऑक्सीजन में फ्लोजिस्टन सिद्धांत का प्रतिलोम देख सके, जिसके बल पर उन्होंने संपूर्ण फ्लोजिस्टन सिद्धांत का खंडन कर दिया। अर्थ यह नहीं कि उन्होंने फ्लोजिस्टन सिद्धांत पर आधारित प्रयोगों के परिणामों का महत्त्व न के बराबर घोषित किया। उनका महत्त्व पहले जितना बना रहा। हाँ, यह बात जरूर है कि उनका प्रतिपादन उल्टा कर दिया गया तथा उनका फ्लोजिस्टन सिद्धांत की भाषा से रसायन की नयी भाषा में अनुवाद कर दिया गया जिसके बल पर उसका महत्त्व वैसा का वैसा ही बना रहा।''

लेवूजियो का ऑक्सीजन की खोज का रास्ता उनके समकालीनों की अपेक्षा ज्यादा स्पष्ट तथा सीधा था। यह बात जरूर सच है कि शुरू में लेवूजियो भी दूसरे रसायनज्ञों की तरह फ्लोजिस्टन सिद्धांत के पक्ष में थे, परंतु जैसे-जैसे उन्हें नए-नए तथ्य प्राप्त होते गए, वे उसका उतना ही ज्यादा विरोध करने लगे। उन्होंने वायु में विभिन्न पदार्थों के दहन संबंधी अपने प्रयोगों का वर्णन लिखित रूप में किया (वे यह काम 1 नवंबर 1772 तक पूरा कर पाए)। उनका निष्कर्ष था कि सभी पिंडों (इनमें धातुएँ भी शामिल हैं) का द्रव्यमान दहन तथा निस्तापन के दौरान बढ़ जाता है।

चूंकि इन सभी प्रक्रमों के लिए वायु की बहुत बड़ी मात्रा की उपस्थिति आवश्यक थी, लेवूजियो एक और फैसले पर पहुँचे। उनके विचारानुसार वायु विभिन्न गुणों वाली गैसों का मिश्रण है। वायु का एक निश्चित भाग दहन प्रक्रम में सहायक सिद्ध होता है। जो जल रहे पदार्थ के साथ प्रतिक्रिया करता है। शुरू में लेवूजियो यह समझे कि वायु की यह किस्म ब्लैक की प्रतिबद्ध वायु से मिलती जुलती है, परंतु शीघ्र ही उन्हें अपनी गलती पता चल गयी। 1 फरवरी 1774 में फ्रेंच वैज्ञानिक ने यह देखा कि जो वायु दहन के दौरान पदार्थ के साथ प्रतिक्रिया करती है, वह श्वसन के लिए सबसे ज्यादा उपयुक्त है। इस प्रकार लेवूजियो का भावी ऑक्सीजन के साथ वास्ता पड़ गया, परंतु उन्होंने इस नयी गैस की खोज

की घोषणा न करने का फैसला किया क्योंकि वे कुछ अतिरिक्त प्रयोग करना चाहते थे।

अक्टूबर 1774 में प्रीस्टली ने लेवूजियो को अपनी खोज की सूचना भेजी। इस खबर से फ्रेंच वैज्ञानिक को अपने प्रेक्षण की असली कीमत पता चल गयी। उन्होंने तुरंत ऑक्सीजन के सबसे उपयुक्त जनक—लाल मर्करी ऑक्साइड के साथ प्रयोग शुरू कर दिए। अप्रैल 1775 में लेवूजियो ने फ्रेंच विज्ञान अकादमी के सामने एक रिपोर्ट प्रस्तुत की जिसका शीर्षक था "उस पदार्थ की प्रकृति का विवरण, जो परितापन के दौरान धातु में मिल कर उसका द्रव्यमान बढ़ा देता है" यह ऑक्सीजन की खोज की सूचना थी। "इस वायु की खोज," लेवूजियो ने अकादमी को बताया, 'प्रीस्टली, शील और मैंने लगभग एक ही समय में की। शुरू में मैंने इसका नाम "वायु, जिसमें आसानी से सांस लिया जा सकता है" रखा, परंतु बाद में बदल कर 'प्राणदायक' या 'शक्तिवर्धक वायु' रख दिया।

यह तथ्य अकेला ही इस बात का प्रमाण है कि ऑक्सीजन की प्रकृति समझने में लेवूजियो अपने समकालीनों से कितना आगे निकल गए थे। उनकी उक्त रिपोर्ट के बाद शक्तिवर्धक वायु तुरंत विस्तृत अध्ययन का विषय बन गयी। कुछ अर्से बाद वैज्ञानिक इस निष्कर्ष पर पहुँचे कि वह "वायु, जिसमें सांस लेना सबसे सरल होता है" अम्लकारी विकासक होती है, जो सब अम्लों का सर्वाधिक महत्त्वपूर्ण अवयव होता है। परंतु आगे चलकर यह सिद्ध हो गया कि यह विचार गलत था (जब हाइड्रोक्लोरिक अम्ल के उदाहरण पर ऑक्सीजन रहित अम्लों का वर्णन किया गया)। परंतु 1779 में लेवूजियो ने इस गुण के आधार पर गैस का नाम "ऑक्सीजन" रख दिया जो यूनानी शब्दों "oxys" तथा "genos" से लिया गया जिनका अर्थ है 'अम्ल' तथा 'पैदा करता हूँ।'

ए. लेवूजियो

जल के अवयवानुपात की जानकारी ऑक्सीजन सिद्धांत की पुष्टि का एक महत्त्वपूर्ण अंतिम कदम था। 1781 में केवेन्डीश ने यह देखा कि दहन के दौरान दहनशील वायु डिफ्लोजिस्टिन वायु के साथ

मिलकर लगभग पूर्णतया जल में परिवर्तित हो जाती है, परंतु अंग्रेज वैज्ञानिक ने केवल 1784 में अपने प्रयोगों के परिणाम प्रकाशित किए। जैसे ही लेवूजियो को केवेन्डीश के प्रयोगों की जानकारी हुई, उन्होंने खुद भी ये प्रयोग दोहराए। इन प्रयोगों के परिणाम से लेवूजियो इस निष्कर्ष पर पहुँचे कि जल एक साधारण पदार्थ न होकर दहनशील वायु तथा शक्तिवर्धक वायु का मिश्रण होता है। यह 1783 की बात है। अतः लेवूजियो को प्रथम वैज्ञानिक माना जाता है जिसने जल का अवयवानुपात निश्चित किया। परंतु वास्तविकता यह है कि केवेन्डीश ने उनसे भी पहले यह काम किया। जल के अवयवानुपात की जानकारी से हाइड्रोजन की सही प्रकृति समझने में बड़ी मदद मिली।

ऑक्सीजन की खोज का इतिहास रोचक होने का मुख्य कारण यह है कि इस नए रासायनिक तत्त्व की खोज का प्रक्रम एक घटना तक सीमित नहीं था। ऑक्सीजन के आनुभविक अवलोकन से लेकर एक गैसीय रासायनिक तत्त्व के रूप में इसकी प्रकृति की जानकारी होने तक कई घटनाएँ घटीं। यहाँ यह बताना आवश्यक है कि ऑक्सीजन तथा अन्य प्राथमिक गैसों की खोज एक अकेले आदमी का काम नहीं था। फ्रे० एंगेल्स ने इस बारे में निम्न शब्द लिखे : "प्रीस्टली तथा शील ने ऑक्सीजन प्राप्त किया, परंतु उन्हें यह पता नहीं था कि उन्हें कौन सी चीज मिली है...हालांकि लेवूजियो ने जैसे कि उन्होंने बाद में लिखा, दूसरों के साथ और उनसे स्वतंत्र रूप में ऑक्सीजन का विवरण नहीं दिया वास्तव में वे ही ऑक्सीजन के असली आविष्कारक थे, न कि वे दो वैज्ञानिक जिन्हें यह पता तक ही नहीं था कि उन्होंने कौन सी चीज प्राप्त करके उसका विवरण दिया है।"

रासायनिक विश्लेषण के आधार पर खोजे गए तत्त्व

इस अध्याय में उन तत्त्वों का वर्णन किया जाएगा, जिनकी खोज प्राकृतिक पदार्थों, मुख्यतः विभिन्न खनिजों के रासायनिक विश्लेषण के आधार पर संभव हुई। रसायन एक विज्ञान के रूप में अपनी जड़ें पक्की करता जा रहा था तथा अजैव प्रकृति के अध्ययन में इसकी सक्रियता दिन प्रति दिन बढ़ती जा रही थी। हम इस अध्याय का आरंभ कोबाल्ट से तथा इसकी समाप्ति वैनेडियम से करेंगे। इसमें लगभग 100 साल (1735-1830) के इतिहास का विवरण दिया जाएगा। इस अर्से के दौरान रासायनिक विश्लेषण के आधार पर 30 से ज्यादा रासायनिक तत्त्व खोजे गए जो रासायनिक-विश्लेषण-विधि की बड़ी उपलब्धि का सबूत था। इस विधि ने अन्य तत्त्वों की खोज में भी अतिमहत्त्वपूर्ण भूमिका निभायी, उदाहरणार्थ दुर्लभ मृदा तत्त्वों की खोज में, परंतु इन के इतिहास की विशेषता के कारण इन तत्त्वों की चर्चा एक अलग अध्याय में की गयी है।

कोबाल्ट

कोबाल्ट की खोज का इतिहास इसके नाम के इतिहास से शुरू करना बेहतर रहेगा। प्राचीन काल में सैक्सन में एक खनिज मिलता था जिसका नाम 'कोबोल्ड' रखा गया था। वहाँ के खनिकों का यह विचार था कि इस खनिज के अंदर एक दुष्ट आत्मा रहती है। यह खनिज रजत से बहुत मिलता जुलता था, परंतु इससे रजत प्राप्त करने के सभी प्रयास बेकार सिद्ध हुए।

ईसा से 5000 साल पहले प्राचीन मिस्र के लोग नीले कोबाल्ट के काँच, इनैमल (तामचीनी) तथा रंजकों से परिचित थे। फिराउन तूतान्खामोन के मकबरे की खुदाई के दौरान पुरातत्त्वज्ञों को नीले काँच के कई टुकड़े मिले। यह पता नहीं

है कि कोबाल्ट यौगिकों के आधार पर नीले काँच तथा रंजकों का निर्माण एक संयोग की बात थी या लोगों को इसकी पूरी जानकारी थी। सच्चाई कुछ भी हो, इनके निर्माण की विधि बहुत लंबे अर्से तक अज्ञात रही। नीले रंजकों का प्रथम वर्णन 1679 के दस्तावेजों में मिलता है।

कोबाल्ट की खोज सन् 1735 में एक स्वीडिश रसायनज्ञ ब्रांड ने की। अपने शोध-प्रबंध में उन्होंने एक नयी अर्द्धधातु 'कोबोल्ड' का वर्णन किया। इसमें अर्द्धधातुओं का अभिप्राय उन यौगिकों से था जिनके गुण ज्ञात धातुओं जैसे थे, परंतु जिनकी पिटाई नहीं की जा सकती है। उन्होंने निम्न छः अर्द्धधातुओं का वर्णन किया : पारद, बिस्मथ, जिंक, ऐंटिमनी, कोबाल्ट और आर्सेनिक (चूंकि बिस्मथ के अधिकांश यौगिकों में कोबाल्ट उपस्थित होता है, ब्रांड ने कोबाल्ट और बिस्मथ की पहचान के कई तरीके बताए)।

1744 में ब्रांड को एक नया खनिज मिला जिसमें कोबाल्ट, लौह तथा सल्फर उपस्थित थे। यह खनिज कोबाल्ट सल्फाइड CO_3S_4 था।

आगे चलकर ब्रांड ने कोबाल्ट का बारीकी से अध्ययन किया। अठारहवीं शताब्दी के अंत—उन्नीसवीं शताब्दी के आरंभ में बर्गमैन, थेनार्ड, प्राउस्ट तथा बेर्जेनियस ने कोबाल्ट और इसके यौगिकों का अध्ययन किया। उनका कार्य इस तत्त्व के ध्यानपूर्वक अध्ययन के लिए बहुत सहायक हुआ। काफी लंबे अर्से तक बहुत सारे वैज्ञानिक कोबाल्ट की खोज की बात झूठी मानते रहे। केवल अठारहवीं शताब्दी के अंत में अनेक रसायनज्ञों के प्रयोगों द्वारा कोबाल्ट की खोज की पुष्टि हुई।

निकैल की तरह कोबाल्ट भी अक्सर (कई बार बहुत बड़ी मात्रा में) उल्कापिंडों में उपस्थित होता है। 1819 में एक जर्मन रसायनज्ञ स्ट्रामेयर ने एक उल्कापिंड में कोबाल्ट खोजा तथा कुछ अर्से बाद टेनान्ट को इसी उल्कापिंड में निकैल मिला।

निकैल

आवर्त सारणी में कोबाल्ट का पड़ोसी निकैल इसके साथ काफी समानता रखता है। पहली बात तो यह है कि निकैल को भी 'दानव खानदान' का माना गया है। इसका नाम जर्मन शब्द 'कुप्फरनिकैल' (Kupfernickel) से बना है जिसका अर्थ है 'ताम्र दानव'। यह उस खनिज का नाम था जिसका वर्णन 1694 में स्वीडिश खनिजविद् हिरने ने किया तथा जिसे उन्होंने गलती से ताम्र अयस्क

मान लिया। इस खनिज से ताम्र प्राप्त करने के सारे प्रयास विफल रहे।

सच कहा जाए तो मनुष्य निकैल को अतिप्राचीन काल से जानता है। ईसा से तीन शताब्दी पूर्व प्राचीन चीन के वासी एक ऐलाय बनाते थे जिसके निर्माण में ताम्र, निकैल तथा जिंक इस्तेमाल किए जाते थे। मध्य एशिया में बैक्टीरिया के लोग इस ऐलाय से सिक्के बनाया करते थे। ऐसा एक सिक्का लंदन के ब्रिटिश संग्रहालय में आज भी सुरक्षित रखा हुआ है।

'कुप्फरनिकैल' की प्रकृति के वर्णन के बाद भी इसे ताम्र अयस्क माना जाता रहा। 1726 में एक जर्मन औषधि-विशेषज्ञ लिंक ने इस खनिज का अध्ययन किया। उन्होंने देखा नाइट्रिक अम्ल में विलयित होने पर इस खनिज का रंग हरा हो गया। इससे वे इस निष्कर्ष पर पहुँचे कि इस खनिज में कोबाल्ट अयस्क होने की ज्यादा संभावना है। इतने में स्वीडिश खनिकों को लाल रंग का एक खनिज मिला जो काँच में मिलाने पर उसको नीला रंग नहीं देता था। उन्होंने उसका नाम रखा 'कोबोल्ड', जिसने अपनी आत्मा खो दी है।' यह भी निकैल खनिजों में से एक था।

1751 तक यही स्थिति बनी रही। उस साल स्वीडिश खनिजविद् तथा रसायनज्ञ क्रोन्स्टेड ने कोबाल्ट की खान में मिले एक खनिज में दिलचस्पी ली। उन्होंने एक प्रयोग के दौरान इस अयस्क के अम्लीय विलयन में लोहे का एक छोटा सा टुकड़ा डाल कर देखा। अगर इस विलयन में ताम्र होता तो वह लोहे के ऊपर जरूर जम जाता। परंतु वैज्ञानिक को यह देखकर बहुत आश्चर्य हुआ कि ऐसी कोई बात नहीं हुई। विलयन में ताम्र नहीं था। यह परिणाम प्रयोग में लिये हुए अयस्क के बारे में उस जमाने में प्रचलित धारणाओं के अनुकूल नहीं था। अब क्रोन्स्टेड ने इस अयस्क में बिखरे हरे क्रिस्टलों में रुचि लेनी शुरू कर दी। बहुत सारे प्रयोगों के बाद उन्होंने कुप्फरनिकैल से एक धातु अलग कर दी जो ताम्र से बिल्कुल भिन्न थी। वैज्ञानिक के कथनानुसार यह धातु ठोस तथा भंगुर थी तथा इस पर चुंबक का बहुत हलका सा असर पड़ता था। गर्म करने पर यह एक काले पाउडर में परिवर्तित हो जाती थी तथा घोलने पर अतिसुंदर हरा रंग देती थी। चूँकि यह धातु कुप्फरनिकैल में उपस्थित थी, अतः क्रोन्स्टेड ने इसका नाम इसी अयस्क के नाम पर रखने का फैसला किया, परंतु उन्होंने इसका नाम थोड़ा संक्षिप्त जरूर कर दिया—निकैल। अब यह ज्ञात हो चुका है कि कुप्फरनिकैल निकैल आर्सेनाइड होता है।

यूरोप के बहुत सारे वैज्ञानिकों ने इस नए तत्त्व की खोज को मान्यता दे दी।

परंतु कुछ वैज्ञानिकों का यह मत था कि निकैल कोबाल्ट, लौह, आर्सेनिक तथा ताम्र का मिश्रण होता है। 1775 बर्गमैन ने इन सारी शंकाओं को दूर कर दिया। उन्होंने यह सिद्ध कर दिया कि इन तत्त्वों के मिश्रण में निकैल के गुण नहीं होते हैं चाहे उन्हें किसी भी अनुपात में क्यों न मिला लिया जाए।

मैंगनीज

मैंगनीज के यौगिक, विशेषतया इसका ऑक्साइड–पाइरोलुसाइट (MnO_2) प्राचीन काल से ज्ञात है। ये काँच तथा चीनी-मिट्टी उद्योग में प्रयुक्त किए जाते थे। 1540 में इटली के एक धातुकर्मी बीरिनगुसिओ ने पाइरोलुसाइट के बारे में निम्न बातें लिखीं : यह भूरे रंग का होता है, गर्म करने पर पिघलता नहीं है तथा काँच व चीनी-मिट्टी को बैंगनी रंग में रंग देता है। उन्होंने पाइरोलुसाइट में एक और अद्वितीय गुण देखा–यह पीले तथा हरे काँच का धुँधलापन दूर करने की क्षमता रखता है।

आस्ट्रिया के वैज्ञानिक कैम शायद पहले व्यक्ति थे जिन्हें धात्विक मैंगनीज की थोड़ी सी मात्रा प्राप्त करने में सफलता मिली। सन् 1770 में उन्होंने एक मिश्रण गर्म किया जिसमें 1 भाग पाइरोलुसाइट पाउडर तथा 2 भाग काला फ्लक्स (कोयले तथा K_2CO_3 का मिश्रण) मिलाया था। कैम को नीले सफेद भँगुर क्रिस्टल प्राप्त हुए। यह शायद अशुद्ध मैंगनीज था, परंतु वैज्ञानिक केवल इस निर्णय पर पहुँचे कि प्राप्त धातु लौहरहित है और अपना प्रयोग अधूरा ही छोड़ दिया।

मैंगनीज की आगे की कहानी बर्गमैन के नाम के साथ जुड़ी है जिन्होंने इस वक्त तक निकैल की खोज प्रमाणित कर दी थी। उन्होंने पाइरोलुसाइट की निम्न शब्दों में व्याख्या की : ''काले मैग्नीशियम'' के नाम से प्रसिद्ध खनिज एक नयी मृदा है। इसे न तो परितापित चूना समझना चाहिए और न ही मैग्नीशिया ऐल्बा (अर्थात् मैग्नीशियम ऑक्साइड)। परंतु कैम के विपरीत बर्गमैन कुछ प्रयत्नों के बावजूद भी पाइरोलुसाइट से धातु प्राप्त नहीं कर सके।

शील तीसरे वैज्ञानिक थे जिन्होंने इस खनिज से एक नया तत्त्व प्राप्त करने की कोशिश की। 1774 में उन्होंने स्टॉकहाल्म विज्ञान अकादमी के सामने एक लेख प्रस्तुत किया जिसका शीर्षक था : ''मैंगनीज तथा इसके गुण''। इस लेख में उन्होंने उन सारे प्रयोगों का संक्षिप्त विवरण दिया जो उन्होंने 3 साल के दौरान पाइरोलुसाइट का अध्ययन करते समय किए। इस ज्ञानप्रद लेख में उन्होंने दो धातुओं (बेरियम तथा मैंगनीज) की खोज की सूचना दी तथा दो गैसीय तत्त्वों

(भावी क्लोरीन और हाइड्रोजन) का वर्णन किया। शील ने यह सिद्ध कर दिया कि उस वक्त जितनी भी मृदा ज्ञात थी, मैंगनीज ऑक्साइड उन सबसे भिन्न थी।

मैंगनीज के इतिहास में दो तिथियाँ अत्यधिक महत्त्वपूर्ण साबित हुईं—16 मई और 27 जून, 1774। 16 मई को शील ने अपने देशवासी तथा मित्र गाहन को शोधित पाइरोलुसाइट का एक नमूना भेजा और उसका विखंडन करने का आग्रह किया। गाहन ने कोयले की क्रुसिबल में पाइरोलुसाइट पाउडर, तेल तथा कोयले के चूरे का मिश्रण भरकर 1 घंटे तक इसका परितापन किया। उन्हें क्रुसिबल के तल में धातु का एक पिंड मिला जिसका वजन पाइरोलुसाइट के आरंभिक वजन का तीसरा भाग था। 27 जून को गाहन का भेजा नयी धातु का नमूना शील को मिल गया। शील ने अपने साथी को लिखा कि उनके मतानुसार पाइरोलुसाइट से मिला पिंड एक नई अर्द्धधातु था, जो अन्य सभी अर्द्धधातुओं से बिल्कुल भिन्न था, परंतु लौह से काफी मिलता-जुलता था। शब्द 'अर्द्धधातु' काफी समय तक रसायन तथा धात्विकी में प्रचलित रहा। इस प्रकार गाहन को धात्विक मैंगनीज अलग करने में सफलता मिल गयी तथा उन्होंने इस धातु की खोज का काम संपूर्ण कर दिया। यह बात जरूर सच है कि उनके द्वारा प्राप्त मैंगनीज में कार्बन काफी मात्रा में उपस्थित था (शुद्ध मैंगनीज बाद में प्राप्त हुआ)।

1785 में एक जर्मन रसायनज्ञ आइलजमैन ने स्वतंत्र रूप से धात्विक मैंगनीज प्राप्त किया। उन्हें गाहन तथा शील के प्रयोगों की तनिक भी जानकारी नहीं थी उन्होंने पाइरोलुसाइट, फ्लुओरस्पार, चूने तथा कोयला पाउडर के मिश्रण को गर्म करके प्राप्त उत्पाद का परितापन किया। परंतु इस विधि द्वारा प्राप्त मैंगनीज और भी ज्यादा अशुद्ध था। आरंभ में इस धातु का नाम मैंगनीजियम manganesium लिया गया जो पाइरोलुसाइट को पुराने नाम लेपिस मैंगनेसिस (lapis manganesis) से लिया गया। जब 1808 में मैंग्नीशियम मिल गया तब नामों में भ्रम न होने देने के लिए इसका लातीनी नाम बदल दिया गया। अब इसका नाम मैंगनम (manganum) रख दिया गया।

बेरियम

आवर्त सारणी के द्वितीय ग्रुप के अपने सहधर्मियों की भाँति बेरियम प्रकृति में स्वतंत्र रूप में नहीं मिलता है। बेरियम सल्फेट तथा कार्बोनेट इसके सर्वाधिक विस्तृत खनिज हैं। सत्रहवीं शताब्दी (1602) में ही कीमियागरों ने बेरियम के एक खनिज में काफी दिलचस्पी लेनी शुरू कर दी थी।

उस साल बोलोन्या (इटली) के एक मोची कैस्सीओरलो ने इस बात पर ध्यान दिया कि भारी स्पार (बेरियम सल्फेट) को अगर कोयले तथा सूखने वाले तेल के साथ गर्म करके सामान्य ताप तक ठंडा किया जाए, तो भारी स्पार लाल रंग की चमक देने लगता है। इस खनिज को बोलोन्या पत्थर, बोलोन्या फास्फोरस, सूर्य पत्थर आदि नामों से पुकारा गया। यह बेरियम सल्फाइड BaS था। इसकी अद्वितीय चमक के तुरंत कई कारण बताए गए। उदाहरणार्थ, फ्रेंच रसायनज्ञ लेमेरी ने अपनी पुस्तक 'रसायन का पाठ्यक्रम' में यह लिखा कि बोलोन्या पत्थर अंधेरे में इसलिए चमकता है कि इसके अंदर गंधक उपस्थित है। एक अन्य खनिज बोल्डयूइन फास्फोरस (निर्जल कैल्सियम नाइट्रेट) में भी यही विशेषता पायी गयी।

काफी अर्से तक (1774 तक) भारी स्पार को चूना पत्थर समझा जाता रहा। दोनों को एक ही यौगिक की दो किस्में माना जाता था। 1774 में जब शील और गाहन मिलकर पाइरोलुसाइट का अध्ययन कर रहे थे, उन्हें एक नया यौगिक प्राप्त हुआ। इस यौगिक की सल्फ्यूरिक अम्ल के साथ प्रतिक्रिया कराने से एक सफेद अवक्षेप प्राप्त हुआ। शील ने यह स्थापित किया कि भारी स्पार में एक अज्ञात मृदा उपस्थित है जिसका नाम उन्होंने बेरिटिस रख दिया।

अठारहवीं शताब्दी के अंतिम चतुर्थांश में बेरियम ऑक्साइड की अच्छी जानकारी हो चुकी थी। रसायनज्ञों का अनुमान था कि इसके अंदर एक अज्ञात धातु उपस्थित है। 1789 में लेवूजियो ने अपनी 'रसायन की पाठ्यपुस्तक' में इस मत का समर्थन किया। 'सरल पिंडों की सारणी' में बेरिटिस को एक साधारण पदार्थ बताया गया। आखिर 1808 में है० डेवी ने नयी धातु प्राप्त कर ही ली। उन्हें यह धातु (बेरियम) उसी विधि से प्राप्त हुई जिससे उन्होंने कैल्सियम प्राप्त किया था। (अध्याय V देखिए)।

बेरियम का नाम यूनानी शब्द बेरस (baros) से लिया गया है जिसका अर्थ 'भारी' होता है। बेरियम ऑक्साइड तथा इसके खनिजों के बड़े भारीपन के कारण इस तत्त्व को ऐसा नाम दिया गया।

मॉलिब्डेनम

इस तत्त्व की खोज का इतिहास घटनाओं से भरपूर नहीं है। एक बात जरूर रोचक है और वह यह कि इस तत्त्व की खोज काफी जल्दी हो गयी, 1778 में, जब रासायनिक-विश्लेषण विधि इनती ज्यादा प्रचलित नहीं थी। निस्संदेह आरंभ में यह तत्त्व ऑक्साइड के रूप में अलग किया गया। मजे की बात यह है कि इसका नाम

इसकी खोज से पहले प्रचलित हो गया। यह नाम दो खनिजों-मॉलिब्डेना (molybdena) (लेड की चमक वाला खनिज) तथा मॉलिब्डस (molybdos) लेड के नाम से लिया गया जो एक दूसरे से बहुत मिलते-जुलते थे। इन दोनों खनिजों से बाहरी रूप से मिला हुआ एक और खनिज था जो आगे चलकर मॉलिब्डेनाइट (molybdenum sulphide) के नाम से प्रसिद्ध हुआ।

1754 में स्वीडिश खनिजविद् क्रोन्स्टेड ने इन खनिजों की भिन्नता स्थापित करते हुए यह बताया कि मॉलिब्डेनाइट में कुछ विशिष्ट गुण विद्यमान हैं। परंतु वे इस बात का सबूत नहीं दे सके। सौभाग्यवश कुछ परिस्थितियों के कारण मॉलिब्डेनाइट के अध्ययन की रिपोर्ट शील के हाथ लग गयी। 1778 में उन्होंने मॉलिब्डेनाइट का विश्लेषण किया। मालिब्डेनाइट पर सांद्रित नाइट्रिक अम्ल की प्रतिक्रिया के फलस्वरूप एक विशाल सफेद पिंड प्राप्त हुआ जिसे शील ने एक विशेष प्रकार की सफेद मृदा बताया। शील जानते थे कि ग्रेफाइट पर नाइट्रिक अम्ल की कोई प्रतिक्रिया नहीं होती है। अतः ग्रेफाइट तथा मॉलिब्डेनाइट की भिन्नता स्पष्ट हो गयी। शील ने इस सफेद मृदा का नाम 'मॉलिब्डिक अम्ल' रखा क्योंकि इसमें अम्लीय गुण विद्यमान थे। स्वीडिश रसायनज्ञ ने इसका परितापन करके मॉलिब्डेनम ऑक्साइड—नयी धातु का ऑक्साइड प्राप्त किया। इसमें उनका पक्का विश्वास था तथा उनके देशवासी बर्गमैन भी उनसे सहमत थे।

अब मॉलिब्डिक मृदा से धातु अलग करना महत्त्वपूर्ण कदम था। शील ने मृदा का कोयले के साथ परितापन करने की योजना तैयार की, परंतु कुछ कारणों से वे खुद इस काम को नहीं कर सके और उन्होंने अपने मित्र हैल्म को यह प्रयोग करने को कहा। 1790 में हैल्म ने शील के अनुरोध पर मॉलिब्डेक मृदा का परितापन किया। परंतु उनके द्वारा प्राप्त मॉलिब्डेनम में कार्बन तथा मालिब्डेनम कार्बाइड उपस्थित थे। 1817 में बेर्जेलियस ने शुद्ध मालिब्डेनम प्राप्त की (हाइड्रोजन द्वारा इसके ऑक्साइड का अपचयन करके)।

टंग्स्टन

टंग्स्टन को वुलफ्रैम भी कहते हैं। इस तत्त्व की गिनती भी विरल तत्त्वों में की जाती है, परंतु इसके बावजूद भी अठारहवीं शताब्दी के अंतिम चतुर्थांश में इस तत्त्व के ऑक्साइड की खोज हो गयी। सच यह है कि खोज संयोगवश हुई, परंतु रासायनिक विश्लेषण की विधि के विस्तार ने इसमें महत्त्वपूर्ण योगदान दिया।

'टंग्स्टन' का नाम 'वुलफ्रैम' काफी पहले प्रचलित हो गया था। जर्मन भाषा

में इस शब्द का अर्थ है–'भेड़िये का झाग (wolf's froth) । बात यह थी कि कुछ अयस्कों से टिन अलग करते समय प्रगलित धातु का कुछ भाग खो जाता था। मध्ययुग के खनिकों का यह विश्वास था कि अयस्क में एक खनिज उपस्थित था जो टिन को खा जाता था जैसे भेड़िया मेमने को। इस खनिज का नाम वुल्फ्रैम या वुल्फ्रैमाइट (wolframite) रखा गया। जैसे-जैसे समय बीतता गया, वैज्ञानिकों की टंग्स्टन में रुचि बढ़ती गयी। 1761 में जर्मन खनिजविद् लीमान ने वुल्फ्रैमाइट का विश्लेषण किया, परंतु उन्हें इस खनिज के अंदर कोई नयी चीज नहीं मिली। उनके देशवासी वोल्फ के कथनानुसार वुल्फ्रैमाइट में कोई नयी चीज उपस्थित थी। उन दिनों एक और अजीब खनिज टंग्स्टन या भारी पत्थर भी ज्ञात था जिसे 1751 में क्रोन्स्टेड ने खोजा था। शील ने 1781 में इस खनिज में दिलचस्पी ली। उन्होंने टंग्स्टन (कैल्सियम वुल्फ्रैमाइट) पर नाइट्रिक अम्ल की प्रतिक्रिया कराके एक सफेद पदार्थ प्राप्त किया। जो मॉलिब्डिक अम्ल से मिलता-जुलता था। शील एक उत्तम विश्लेषक तो थे ही उन्होंने दोनों अम्लों के बीच अंतर दिखा दिया जिसके कारण उन्हें टंग्स्टन का आविष्कारक माना जाता है।

उन्हीं दिनों शील के देशवासी बर्गमैन भी इस तत्त्व की खोज के बहुत नजदीक थे। उनके विचारानुसार उच्च घनत्व के कारण टंग्स्टन में बेरिट मृदा की उपस्थिति संभव थी। खनिज का अध्ययन करते समय उन्हें इसके अंदर कुछ और ही चीज (एक सफेद पदार्थ) मिली, जिसका नाम उन्होंने टंगस्टिक अम्ल रखा। परंतु इसके बाद बर्गमैन गलत रास्ते पर चल पड़े। वे टंगस्टिक तथा मॉलिब्डिक अम्ल को आर्सेनिक के उत्पाद समझने लगे। उन्होंने अपनी इस धारणा की सत्यता की जाँच नहीं की। 1783 में दो भाइयों-स्पेनिश रसायनज्ञों फ्रे० तथा हे० डे'लुआर ने वुल्फ्रैमाइट से एक सफेद अम्ल प्राप्त किया जो टंगस्टिक अम्ल के सदृश था। बर्गमैन तथा शील की तरह स्पेनिश रसायनज्ञ भी टंग्स्टन को धातु के रूप में प्राप्त करने में सफल रहे।

टेल्यूरियम

अठारहवीं शताब्दी के द्वितीय अर्द्धांश में आस्ट्रिया में एक अनोखा खनिज मिला, जिसका रंग नीला-सफेद था। जिस इलाके में यह खनिज मिला, वह सातपहाड़ियों (Siebengebirge) के नाम से प्रसिद्ध था। खनिज को अनोखा इसलिए समझा जाता था क्योंकि इसकी अवयवानुपात के बारे में एक राय नहीं थी। विवाद इस बात का था कि इस खनिज में स्वर्ण उपस्थित है या नहीं। इसके

नाम भी अजीब से थे–विरोधाभासी स्वर्ण, सफेद स्वर्ण, समस्यात्मक स्वर्ण। कुछ वैज्ञानिकों का विचार था कि इस खनिज के ऊपर बहस करना बेकार ही था क्योंकि इस में संभवतः ऐंटिमनी या बिस्मथ या दोनों ही तत्त्व उपस्थित थे। 1782 में एक खनन इंजीनियत म्यूलर ने (आगे चलकर वे रेइखेन्श्टेन के काउंट बने) इस अयस्क का रासायनिक विश्लेषण करके इससे धात्विक कण अलग किए, जो उन्हें ऐंटिमनी से मिलते-जुलते लगे। परंतु अगले साल वे इस फैसले पर पहुँचे कि उनका वास्ता एक नए अज्ञात तत्त्व से पड़ रहा है।

म्यूलर को अपने निष्कर्ष पर संदेह हो रहा था। उन्होंने बर्गमैन की राय जाननी चाहिए। परंतु उन्होंने अयस्क का जो नमूना बर्गमैन को भेजा, वह बहुत छोटा था। उसके अध्ययन से किसी निश्चित निष्कर्ष पर नहीं पहुँचा जा सकता था। हाँ, यह बात जरूर पता चल गयी कि म्यूलर की धातु ऐंटिमनी नहीं थी और यह बात यहीं खत्म हो गयी। अगले 15 सालों में किसी ने भी आस्ट्रियन खनन इंजीनियर की खोज में बिल्कुल दिलचस्पी नहीं ली। टेल्यूरिम का अभी असली जन्म नहीं हुआ था।

इसके दूसरे जन्म का श्रेय जर्मन रसायनज्ञ मा० क्लाप्रोत को मिलता है। 25 जनवरी 1798 के दिन उन्होंने बर्लिन विज्ञान अकादमी की सभा में एक रिपोर्ट पढ़ी जिसमें 'सात पहाड़ियों' में मिले स्वर्ण अयस्क का वर्णन किया। क्लाप्रोत ने म्यूलर का प्रयोग दोहराया। अगर म्यूलर को अपने अन्वेषण की सत्यता पर संदेह हुआ था, तो इस बार ऐसा नहीं हुआ। क्लाप्रोत ने नए तत्त्व का नाम टेल्यूरियम रखा (लातीनी शब्द "tellus" से, जिसका अर्थ है 'पृथ्वी')। हालांकि क्लाप्रोत को अयस्क का नमूना म्यूलर से मिला था, परंतु वे टेल्यूरियम की खोज में किसी दूसरे को भागी नहीं बनाना चाहते थे। हम भी यह समझते हैं कि इस तत्त्व की खोज में जर्मन रसायनज्ञ की कम भूमिका नहीं थी। क्योंकि उन्होंने एक भूले तत्त्व को नया जीवन दिया।

यह विश्वास किया जाता है कि एक तीसरे व्यक्ति ने भी टेल्यूरियम की खोज में भाग लिया। हमारा अभिप्राय हंगरी की पेस्ट यूनिवर्सिटी के रसायन तथा वनस्पति विज्ञान के प्रोफेसर किताईबेल से है। 1789 में उनके एक साथी ने उन्हें एक खनिज दिया जिसे मॉलिब्डेनाइट बताया जा रहा था। इस खनिज में रजत की उपस्थिति की आशा थी। किताईबेल ने इस खनिज से एक नया तत्त्व अलग किया। इसके बाद उन्होंने यह स्थापित किया कि समस्यात्मक स्वर्ण में भी यही तत्त्व विद्यमान था। इस प्रकार उन्होंने स्वतंत्र रूप से टेल्यूरिम की खोज की। दुख

की बात है कि उन्होंने अपने अनुसंधान कार्यों के परिणाम तुरंत प्रकाशित नहीं करवाए। उन्होंने अपने कुछ साथियों को केवल इसकी सूचना भेजी। वियेना के खनिजविद् एस्ट्नर भी इन लोगों में शामिल थे। क्लाप्रोत को किताईबेल के परिणामों की जानकारी एस्ट्नर ने दी। उन्होंने इसकी प्रशंसा जरूर की, परंतु सत्यता की जाँच नहीं की। म्यूलर ने क्लाप्रोत की राय इस घटना के कई साल बाद माँगी थी। इस दौरान क्लाप्रोत को म्यूलर के प्रयोगों को दोहराने का मौका मिल गया था। इसलिए वे म्यूलर को ही इस तत्त्व का एकमात्र खोजी मानते थे और उन्होंने अपनी रिपोर्ट में इस पर जोर दिया।

काफी लंबे अर्से तक टेल्यूरियम को एक धातु माना जाता रहा। 1832 में बेर्जेलियम ने इस बात को साबित कर दिया कि इस तत्त्व और सिलीनियम तथा सल्फर के बीच बड़ी समानता है जिसके कारण इसे हमेशा के लिए अधातुओं की सूची में शामिल कर लिया गया।

स्ट्रॉन्शियम

1787 में स्कॉटलैंड के एक गाँव स्ट्रान्टियन की एक लेड खान में एक नया खनिज स्ट्रान्शिएनाइट मिला। कुछ खनिजविद् इसे फ्लुओराइट (CaF_2) की एक किस्म समझते थे, परंतु अधिकांश वैज्ञानिक इसे विदेराइट (बेरियम खनिज $BaCO_3$) का एक रूप मानते थे।

1790 में स्कॉटलैंड के एक चिकित्सक क्राउफोर्ड ने इस खनिज का ध्यानपूर्वक अध्ययन किया। वे इस निष्कर्ष पर पहुँचे कि स्ट्रान्शिएनाइट पर नमक के अम्ल की प्रतिक्रिया से प्राप्त लवण बेरियम क्लोराइट से भिन्न था। यह जल में ज्यादा तेजी से विलयित हो गया तथा इसके क्रिस्टलों का आकार भी दूसरा था। क्राउफोर्ड इस फैसले पर पहुँचे कि स्ट्रान्शिएनाट में एक मृदा उपस्थित थी जो अभी तक अज्ञात थी।

1791 के अंत में स्कॉटलैंड के एक रसायनज्ञ होप ने स्ट्रान्शिएनाइट का अध्ययन शुरू कर दिया। उन्होंने विदेराइट तथा स्ट्रान्शिएनाइट के बीच अंतर स्थापित कर दिया। होप ने यह भी देखा कि बिना बुझे चूने के मुकाबले स्ट्रान्शियम मृदा जल के साथ अधिक तेजी से प्रतिक्रिया कर जाती थी; यह बेरियम ऑक्साइड की तुलना में जल में ज्यादा अच्छी तरह से घुल जाती थी तथा सभी स्ट्रान्शियम यौगिकों की ज्वाला लाल रंग की होती थी। होप ने यह सिद्ध कर दिया कि नयी मृदा कैल्सियम तथा बेरियम मृदा का मिश्रण नहीं हो सकती थी। लेवूजियो के

मतानुसार नयी मृदा धात्विक प्रकृति की थी, परंतु वे इस बात को सत्य सिद्ध नहीं कर सके। 1808 में डेवी ने इस विचार को सच साबित किया।

स्ट्रान्शियम की खोज का इतिहास अधूरा ही रह जाएगा, अगर हम एक और वैज्ञानिक का नाम नहीं लेंगे, जिन्होंने स्ट्रान्शिएनाइट के अध्ययन में महत्त्वपूर्ण योगदान दिया। हमारा अभिप्राय रूसी रसायनज्ञ लोवित्स से है जिन्होंने स्वतंत्र रूप से यह सिद्ध किया कि स्ट्रान्शिएनाइट में एक अज्ञात तत्त्व विद्यमान है। लोवित्स प्रथम वैज्ञानिक थे जिन्होंने भारी स्पार में स्ट्रान्शियम खोजा। डेवी द्वारा प्रस्तावित विधि से प्राप्त स्ट्रान्शियम पूर्णतया शुद्ध नहीं था। 1924 में एक अमरीकी वैज्ञानिक डैनर ने स्ट्रान्शियम ऑक्साइड का धात्विक ऐलुमिनियम या मैग्नीशियम द्वारा अपचयन करके शुद्ध स्ट्रान्शियम प्राप्त किया।

जिर्कोनियम

जिर्कोनियम ऑक्साइड को बहुत दिनों तक ऐलुमिनियम ऑक्साइड (ऐलुमिना) समझा जाता रहा क्योंकि दोनों यौगिकों में बहुत समानता होती है। हालांकि जिर्कोनियम खनिज मध्य युग में भी ज्ञात थे, परंतु किसी को इनमें एक अज्ञात तत्त्व की उपस्थित का ख्याल तक नहीं आया। पृथ्वी पर एक अत्यधिक विस्तृत तत्त्व (0.02%) होते हुए भी अठारहवीं शताब्दी के अंत तक मनुष्य को जिर्कोनियम की जानकारी नहीं थी। जिर्कोनियम मुख्यतः एक खनिज जिर्कोल से मिलता है, जो दो रूपों में पाया जाता है—हायासिन्थ तथा जारगून। अपने खूबसूरत रंगों (पीले भूरे से धूमल हरे तक) के कारण हायासिन्थ प्राचीन काल में भी एक कीमती पत्थर के रूप में ज्ञात था।

विश्वास किया जाता था कि हायासिन्थ का गठन माणिक्य तथा पुखराज जैसा होता है।

जिर्कोनियम का विश्लेषण कई बार किया गया, परंतु हर बार कोई-न-कोई गलती जरूर हो जाती थी। 1787 में जर्मन रयायनज्ञ विगलैब को सिलोनी जिर्कोन के विश्लेषण से सिलिकन डाइऑक्साइड में बहुत अल्पमात्रा में केवल चूना, मैग्नीशिया और लोहा मिले। उनसे पहले बर्गमैन जैसे चतुर वैज्ञानिक ने यह स्थापित कर दिया कि सिलोनी हायासिन्थ में 25% सिलिकन डाइऑक्साइड, 40% ऐलुमिनियम ऑक्साइड, 13% लौह ऑक्साइड तथा 20% चूना उपस्थित होता है। इस प्रकार भावी तत्त्व जिर्कोनियम ऐलुमिनियम ऑक्साइड के पीछे छुपा रहा।

1789 में क्लाप्रोत ने इस घटनावरण का भंडाफोड़ कर दिया। उन्होंने

जिर्कोन पाउडर (बर्गमैन द्वारा चयित नमूने जैसा यौगिक) को एक क्षार के साथ रजत की बनी क्रुसिबल में गर्म किया। प्राप्त ऐलाय सल्फ्यूरिक अम्ल में घोल कर क्लाप्रोत ने इस विलयन से एक नयी मृदा अलग की जिसका नाम उन्होंने जिर्कोनियम रखा। उनके विश्लेषण के परिणाम निम्न थे : 25% सिलिका, 0.5% लौह ऑक्साइड, 70% जिर्कोनियम मृदा। हम देख ही रहे हैं कि क्लाप्रोत के परिणाम बर्गमैन के परिणामों से बिल्कुल भिन्न थे। उसी साल एक अन्य वैज्ञानिक गुएटोन डि मोरवियू ने फ्रांस मे मिले हायासिन्थ से जिर्कोनियम प्राप्त कर क्लाप्रोत के परिणामों की पुष्टि कर दी।

धात्विक जिर्कोनियम प्राप्त करना काफी मुश्किल काम साबित हुआ। 1808 में ह० डेवी ने विद्युत्धारा की सहायता से जिर्कोनियम मृदा का विखंडन करने की कोशिश की, परंतु उन्हें सफलता नहीं मिली। केवल 1824 में बेर्जेलियस ने एक प्लैटिनम क्रुसिबल में पोटेशियम, पोटेशियम फ्लुओराइड तथा जिर्कोनियम के सूखे मिश्रण को गर्म करके अशुद्ध जिर्कोनियम धातु के रूप में प्राप्त की। इस तत्त्व का नाम खनिज के नाम पर रखा गया है।

यूरेनियम

अभी भी बहुत सारे ऐसे व्यक्ति मिल सकते हैं, जो यह नहीं बता सकते हैं कि आवर्त सारणी क्या चीज होती है। परंतु यूरेनियम का नाम संभवतः बहुत लोगों ने सुना है क्योंकि बीसवीं शताब्दी के इतिहास में इस तत्त्व की भूमिका अतिमहत्त्वपूर्ण रही है।

यूरेनियम के अध्ययन के बल पर मानव परमाणु ऊर्जा के प्रयोग की समस्या हल कर पाया है।

आवर्त सारणी का 92वां तत्त्व आधुनिक सभ्यता के लिए परमावश्यक हुआ। यह अन्य कई रासायनिक तत्त्वों से पहले लगभग 200 वर्ष पूर्व खोजा गया, परंतु आधे से ज्यादा अर्से तक यह लगभग अज्ञात रहा।

इस पर भी यूरेनियम का इतिहास कोई रहस्य नहीं है। इसकी खोज की ठीक तिथि ज्ञात है। यह भी पता है कि इसकी खोज किसने की। यूरेनियम के आगे के जीवन की पर्याप्त जानकारी हैं

परंतु बेहतर रहेगा कि आपको इस तत्त्व की कहानी शुरू से सुनाई जाए।

जिस खनिज को आज पिचब्लैंड कहते हैं, मानव उसके साथ प्राचीन काल से परिचित है। शुरू में यह समझा जाता था कि पिचब्लैंड मुख्यतः लोहे के

ऑक्साइडों तथा जिंक से बना हैं इससे ज्यादा और कुछ नहीं पता था।

महान रसायनज्ञ तथा विश्लेषक क्लाप्रोत ने, जिनका नाम पुस्तक में पहले भी कई बार लिया जा चुका है, पिचब्लैंड के नमूने का ध्यानपूर्वक अध्ययन करने का फैसला किया। उन्होंने इस खनिज को नाइट्रिक अम्ल में घोलकर विलयन में पोटैश मिलाया। उन्हें पीले रंग का एक अवक्षेप प्राप्त हुआ, जो पोटैश की अतिरिक्त मात्रा में सरलता से घुल गया। क्लाप्रोत ने इस अवक्षेप के रंगरूप का वर्णन निम्न प्रकार से किया : सुंदर हरे-पीले रंग के क्रिस्टल, जिनका आकार षट्फलकीय प्रिज्म जैसा था। जर्मन वैज्ञानिक इस निष्कर्ष पर पहुँचे कि उनका वास्ता एक ऐसे लवण के साथ पड़ा है, जिसमें एक अज्ञात तत्त्व उपस्थित है। क्लाप्रोत ने इस लवण का परितापन किया और प्राप्त ऑक्साइड से नयी धातु अलग करने की कोशिश की। जिस वक्त क्रूसिबल के तले में चमकदार काला पाउडर जम गया, वैज्ञानिक यह समझे कि उन्हें अपने उद्देश्य में सफलता मिल गयी है, हालांकि वे धातु को ऐलाय के रूप में प्राप्त नहीं कर पाए थे।

क्लाप्रोत ने नवजात तत्त्व का नाम यूरेनियम रखने का प्रस्ताव पेश किया। उन्होंने लिखा कि पहले केवल सात ग्रहों को मान्यता दी जाती थी, जिनके नाम पर सात धातुओं के नाम रखे गए हैं। अतः परंपरानुसार नयी धातु का नाम हाल में खोजे गए ग्रह के नाम पर रखा जाना चाहिए। यह ग्रह यूरेनस था, जो पहली बार सन् 1781 में हेरशेल नाम खगोलज्ञ को दिखायी दिया था। आगे चलकर कई और नए रासायनिक तत्त्वों के नाम विभिन्न ब्रह्मांडीय पिंडों के नाम पर रखे गए...।

क्लोप्रोत ने यूरेनियम को सरल पदार्थों की सूची में शामिल कर लिया, पाठ्यपुस्तकों में नयी धातु का नाम दिखायी देने लगा, इसके परमाणु भार का मान ज्ञात कर लिया गया (जो आगे चलकर बिल्कुल गलत साबित हुआ)। परंतु नई धातु की प्रकृति के बारे में भ्रम हो गया था। क्लाप्रोत धात्विक यूरेनियम प्राप्त करने में असफल रहे थे। उनका यूरेनियम शुद्ध धातु न होकर धातु का ऑक्साइड था जिसमें स्वतंत्र धातु की बहुत थोड़ी मात्रा उपस्थित थी।

क्लाप्रोत की मृत्यु के छः साल बाद (1817) बेर्जेलियस के शिष्य आर्फवेडसन को, जो लीथियम के खोजकर्ता के रूप में प्रसिद्ध हो चुके थे, क्लाप्रोत के यूरेनियम पर कुछ शक हुआ। उन्होंने यूरेनियम का गहरे हरे रंग का ऑक्साइड लिया और उसे उच्च ताप पर हाइड्रोजन द्वारा अपचयित किया। प्रतिक्रिया के दौरान वैज्ञानिक को भूरे रंग का एक पाउडर प्राप्त हुआ। उन्होंने इसे धात्विक यूरेनियम समझा,

परंतु वास्तविकता में यह यूरेनियम डाइऑक्साइड UO_2 था जो U_3O_8 के अपचयन से प्राप्त हुआ था।

तत्त्व को धातु के रूप में प्राप्त करने में बीस साल और लग गए। 1841 में फ्रेंच रसायनज्ञ पेलिगो को इस काम में सफलता मिली। उन्होंने अपचयन के लिए एक नयी विधि अपनायी : उन्होंने जलरहित यूरेनियम क्लोराइड में धात्विक पोटेशियम मिलाकर मिश्रण को बंद प्लैटिनम क्रूसिबल में गर्म किया। क्रूसिबल के तले में पाउडर जमा हो गया। क्लाप्रोत के पाउडर की तरह इसका रंग भी काला था। परंतु इस बार वास्तव में धात्विक यूरेनियम का पाउडर प्राप्त हुआ था। इसके गुण क्लाप्रोत के यूरेनियम के गुणों से काफी भिन्न थे। इस प्रकार नए रासायनिक तत्त्व को ऑक्साइड के रूप में प्राप्त करने के बाद स्वतंत्र रूप में अलग करने में 50 से भी ज्यादा साल लग गए। यूरेनियम ने अपने चेहरे पर चढ़े नकाब को हटाने में कितना ज्यादा अर्सा लगा दिया।

धातु को ऐलाय के रूप में सर्वप्रथम मुआसान नाम के एक फ्रेंच रसायनज्ञ ने प्राप्त किया। उन्होंने इस कार्य के लिए एक विद्युत् भट्टी प्रयुक्त की जिसमें उच्च तापमान प्राप्त करने का प्रबंध किया गया था। मुआसान ने यूरेनियम का पहला नूमना मई 1896 में प्राप्त किया और अपने देशवासी बैकेरेल को भेंट कर दिया। बैकेरेल ने कुछ समय पहले विघटनाभिकता की खोज की थी। मुआसान के उदारतापूर्ण उपहार के बल पर बैकेरेल यह सिद्ध कर सके कि प्राथमिक यूरेनियम ही वह तत्त्व है, जिसमें विघटनाभिकता के गुण विद्यमान हैं। यह खोज बहुत ही महत्त्वपूर्ण सिद्ध हुई; सारा विज्ञान-जगत् यूरेनियम में रुचि लेने लगा।

इस घटना के 25 साल पहले केवल एक व्यक्ति ऐसा था जो यूरेनियम में काफी ज्यादा दिलचस्पी दिखा रहा था–रूसी रसायनज्ञ दूमित्री मेंडेलीफ। आठवें दशक के आरंभ में वे अपनी आवर्त प्रणाली बना रहे थे। उन्हें यूरेनियम तत्त्व बहुत नखरेबाज लगा। इसके परमाणु भार (~ 120) के अनुसार प्रणाली में जो जगह इसे दी जानी चाहिए थी, वह इसके गुणों के साथ बिल्कुल भी मेल नहीं खा रही थी। यूरेनियम अपने को बोरॉन और ऐलुमिनियम का रिश्तेदार बता रहा था जबकि इसके रासायनिक गुण मालिब्डेनम तथा टंग्स्टन से मिल रहे थे। न्याय तब होता, जब यूरेनियम को आवर्त प्रणाली के तीसरे ग्रुप से निकाल कर छठे ग्रुप में रख दिया जाता अर्थात् सारणी के मध्य से उठाकर बिल्कुल अंत में रख देते। इसके लिए छोटा-सा काम करना था यूरेनियम का परमाणु भार बदलना था–उसे दोगुना बढ़ाना था। यह घोषणा करनी थी कि यूरेनियम का परमाणु भार गलत निकाला

गया है। इसके लिए बड़ी हिम्मत की जरूरत थी, परंतु मेंडेलीफ हिचके नहीं, उन्होंने इस बात को वैज्ञानिकों से सामने कह दिया शीघ्र ही उनकी बात सच सिद्ध हो गयी और यूरेनियम के परमाणु भार की शुद्ध गणना से इसका मान 240 के निकट निकला। इस घटना से यूरेनियम आवर्त प्रणाली का अंतिम तत्त्व बन गया और इसने वैज्ञानिकों के सामने एक रहस्य खड़ा कर दिया : यही तत्त्व अंतिम तत्त्व क्यों है और क्या यह अंतिम तत्त्व है भी या नहीं ?

मेंडेलीफ ने अपनी मृत्यु से कुछ पहले अपनी प्रसिद्ध पुस्तक 'रसायन के आधार' (1906) में निम्न भविष्यसूचक शब्द लिखे : 'हमारे युग की भौतिकी तथा रसयान की दो अति महत्त्वपूर्ण खोजें यूरेनियम के साथ संबंधित हैं आर्गान तत्त्वों (विशेषतया हीलियम) तथा विघटनाभिक पदार्थों की खोज...। यूरेनियम में उपस्थित अवगम्य पदार्थ के द्रव्यमान की सान्द्रता, जो परमाणु के अभाज्य द्रव्यमान का रूप ले लेती है, सभी ज्ञात सांद्रताओं में सबसे उच्च है तथा इसमें अद्वितीय विशेषताएँ मिलनी चाहिएँ।...मुझे पूरा विश्वास है कि अगर यूरेनियम का अध्ययन इसके प्राकृतिक स्रोतों से शुरू किया जाए, तो बहुत सारी नयी बातों की खोज होगी। जो लोग अध्ययन के लिए नए विषय खोज रहे हैं, मैं उन्हें यह सलाह दूँगा कि वे यूरेनियम के यौगिकों का ध्यानपूर्वक अध्ययन करें।''

यह कहना ठीक नहीं होगा कि मेंडेलीफ की सलाह तुरंत मान ली गयी। यूरेनियम की अभी काफी लंबे अर्से तक उपेक्षा होती रही, यह केवल फोटोग्राफी तथा काँच के रंजन में प्रयुक्त होता रहा...

परंतु सन् 1939 में न्यूट्रानों के प्रभाव में यूरेनियम के विभाजन की खोज होती है। यह महान वैज्ञानिक घटना इस तत्त्व को इतना ज्यादा महत्त्वूपर्ण बना देती है कि यह उपयोग के हिसाब से सीधा पहले नंबर पर आ जाता है।

मेंडेलीफ की भविष्यवाणी सत्य सिद्ध हुई। परंतु यूरेनियम का एक किस्म से परिवर्तन हो गया। मॉलिब्डेनम तथा टंग्स्टन के साथ सदृश होने के कारण यह तत्त्व आवर्त सारणी के छठे ग्रुप में रखा गया था, परंतु इसके विभाजन ने इस तत्त्व की पक्की जगह छिनवा दी। अब इसे ऐक्टिनाइड परिवार का सदस्य माना जाने लगा, हालांकि इस ग्रुप के बारे में बहुत सारी बातें अभी भी अस्पष्ट हैं।

टाइटेनियम

अंग्रेज पादरी ग्रेगोर पेशे से रसायनज्ञ नहीं थे, परंतु कभी-कभी उनका रासायनिक प्रयोगों के साथ वास्ता पड़ता रहता था। इसकी वजह यह थी कि उन्हें

खनिजविज्ञान के अध्ययन का शौक था। समय-समय पर ग्रेगोर विभिन्न खनिजों की रचना का अध्ययन करते रहते थे। उन्हें इस कार्य में इतनी ज्यादा सफलताएँ मिलीं कि आगे चलकर बेर्जेलियस उन्हें एक अद्वितीय खनिजविद् मानने लगे।

एक बार ग्रेगोर एक काली रेत के गठन में रुचि लेने लगे। यह रेत उन्हें मेनेकीन घाटी में मिली थी जो उनके चर्च की जायदाद थी। यह काली रेत बारूद में मिलती-जुलती थी तथा इसमें मैले-सफेद रंग की दूसरी किस्म की रेत मिली हुई थी। ग्रेगोर इस प्राकृतिक पदार्थ में रुचि लेने लगे। उन्होंने काली रेत अलग करके उसका रासायनिक विश्लेषण किया। नीचे दिए आँकड़ों से आप खुद ही समझ जाएँगे कि ग्रेगोर का विश्लेषण कितना ज्यादा परिशुद्ध था : $40^{9}/_{16}\%$ लौह ऑक्साइड (9/16 अंश तक की शुद्धता विशेष रूप से प्रभावित करती है) $3^{1}/_{2}\%$ सिलिका, 45% लाल-भूरे रंग का चूना। ग्रेगोर ने यह भी कहा कि विश्लेषण के परिणामस्वरूप रेत का $4^{15}/_{16}\%$ भाग खो जाता है। इस सूची में लाल-भूरे रंग का चूना आकर्षण का विषय है। यह सल्फ्यूरिक अम्ल में घुल कर पीले रंग का विलयन बनाता है। जिंक, टिन या लोहे की प्रतिक्रिया से विलयन शोण रंग का हो जाता है। ग्रेगोर ने एक लेख लिखा जिसमें इन सब बातों का वर्णन किया। संकोची होने के कारण वे अपने अनुसंधान कार्य को अधूरा समझते रहे। उन्होंने केवल कुछ तथ्य सामने रखे जिनकी व्याख्या केवल उनसे ज्यादा ज्ञानी वैज्ञानिक ही दे सकते थे।

ग्रेगोर के मित्र खनिजविद् हाकिन्स ने उन्हें विश्वास दिलाया कि काली रेत एक नया, अभी तक अज्ञात खनिज है। हाकिन्स जैसे अनुभवी खनिजविद् की बातों से ग्रेगोर मान गए कि काली रेत में एक नया धात्विक पदार्थ उपस्थित है। उन्होंने इस धातु का नाम 'मेनेकीन' (उस जगह के नाम पर, जहाँ यह रेत मिली थी) तथा रेत का नाम 'मेनेकेनाइट' रखने का सुझाव दिया। आज इस काली रेत को खनिज इल्मेनाइट (ilmenite) कहा जाता है तथा इसका सूत्र $FeTiO_3$ है। इन सब बातों से यह साबित हो जाता है कि टाइटेनियम की खोज 1791 में ग्रेगोर ने की थी।

हालांकि ग्रेगोर के अनुसंधान की खूबियाँ संदेहरहित हैं, परंतु फिर भी कुछ इतिहासकार क्लाप्रोत को टाइटेनियम का आविष्कारक मानते हैं। लगता है, अंग्रेज पादरी कुछ ज्यादा ही संकोची स्वभाव का था। क्लाप्रोत ने दूसरा तरीका चुना। उन्होंने निस्संदेह ग्रेगोर का लेख पढ़ा, परंतु वे तुरंत इसका सार नहीं समझ पाए। 1795 में उन्हें हंगरी से लाए एक खनिज के नमूने से नए तत्त्व का ऑक्साइड

अलग करने में सफलता मिल गयी ! अब इस खनिज को रूटाइल (TiO_2) के नाम से जाना जाता है। क्लाप्रोत द्वारा प्राप्त ऑक्साइड ग्रेगोर की मेनेकीन मृदा से बहुत ज्यादा मिलता था। शीघ्र ही क्लाप्रोत ने यह सिद्ध कर दिया कि उन्होंने और ग्रेगोर ने एक ही तत्त्व खोजा है।

जर्मन वैज्ञानिक ने इस तत्त्व का नाम टाइटेनियम (पृथ्वी के पुत्रों टाइटेनों के सम्मान में) रखा। शुद्ध धात्विक टाइटेनियम 1910 में प्राप्त हुआ।

क्रोमियम

साइबेरिया को क्रोमियम की जन्मभूमि बताया जाता है : यहाँ अठारहवीं शताब्दी में एक खनिज क्रोकोआइट मिला, जो उस वक्त लाल लेड के नाम से जाना जाता था। क्रोमियम के कुछ अन्य अयस्क इससे पहले भी ज्ञात थे। यह कोई आश्चर्य की बात नहीं है क्योंकि क्रोमियम की गिनती उन तत्त्वों में की जाती है जो प्रकृति में प्रचुर मात्रा में (भू-पर्पटी का 0.02%) विद्यमान हैं। इसके बावजूद भी क्रोमियम को ऑक्साइड के रूप में ही अलग करना बहुत मुश्किल काम है जिसके कारण काफी अर्से तक यह काम वैज्ञानिकों की ताकत से बाहर रहा। हालांकि क्रोमियम यौगिक विभिन्न रंगों के होते हैं, परंतु इस खूबी के बावजूद भी वैज्ञानिकों ने क्रोमियम खनिजों मं कोई रुचि नहीं दिखायी।

हाँ, क्रोकोआइट जरूर एक अपवाद साबित हुआ। 1766 में पहली बार इस खनिज का विश्लेषण एक जर्मन रसायनज्ञ लीमान ने किया जो उन दिनों सेंट-पीटर्सबर्ग (लेनिनग्राद) में रहते थे। उन्होंने खनिज के नमूने को नमक के अम्ल में घोल कर पन्ने जैसे रंग का एक अतिसुंदर विलयन प्राप्त किया। वे इस निर्णय पर पहुँचे कि क्रोकोआइट में लेड उपस्थित हैं जिसमें अशुद्धियाँ मिली हुई हैं। वैज्ञानिक को गलतफहमी हो गयी थी। ये अशुद्धियाँ केवल क्रोमियम हो सकती थीं क्योंकि क्रोकोआइट लेड क्रोमेट ($PbCrO_4$) होता है। लीमान की किस्मत में इस खनिज के गठन की खोज नहीं लिखी थी।

1770 में सेंट-पीटर्सबर्ग के एक अकादमीशियन पाल्लास का एक बार फिर क्रोकोआइट के साथ वास्ता पड़ा। यह खनिज यूराल में बेरेजोव खानों में मिला था। पाल्लास ने इस खनिज का निम्न शब्दों में वर्णन किया; "यह लेड अयस्क कई रंगों में मिलता है, परंतु अक्सर यह सिनबार जैसे रंग का होता है। इस भारी खनिज के क्रिस्टल अनियमित पिरामिडों की तरह होते हैं तथा क्वार्ट्ज में माणिक्यों की तरह जड़े होते हैं।"

पाल्लास एक पर्यटक, भूविज्ञानी तथा खनिजविद् थे। रसायन से उनका कोई वास्ता नहीं था। परंतु उन्हीं के कारण खनिज क्रोकोआइट यूरोप की प्रयोगशालाओं तक पहुँच गया। इस खनिज का एक नमूना उस जमाने के प्रसिद्ध रसायनज्ञ-विश्लेषक वोक्लेन के हाथ लग गया।

लीमान द्वारा क्रोकोआइट के अध्ययन के बाद तीन दशक बीत गए। इस अर्से के दौरान वैज्ञानिकों ने कई बार इस खनिज का गठन जानने के लिए के विभिन्न प्रयास किए, परंतु उन्हें इस खनिज में किसी भी तरह के नए तत्त्व नहीं मिले। उनके प्रयोगों के परिणाम परस्पर विरोधी थे। उदाहरणार्थ, एक विश्लेषक ने यह सूचना दी कि लेड अयस्क में मॉलिब्डिक अम्ल, निकैल, कोबाल्ट, लोहा तथा ताम्र उपस्थित हैं। वोक्लेन ने भी अपने पहले प्रयोगों में गलतियाँ कीं। उन्हें क्रोकोआइट में लेड डाइऑक्साइड, लोहा तथा ऐलुमिना मिले।

1797 में फ्रेंच वैज्ञानिक ने क्रोकोआइट का और भी ज्यादा बारीकी से अध्ययन करने का फैसला किया। धीरे-धीरे वोक्लेन को यह विश्वास होता गया कि खनिज में न तो आर्सेनिक उपस्थित है और न ही मॉलिब्डिक अम्ल। इसमें 3 या 4 ज्ञात धातुएँ भी नहीं हैं और लोहा तथा ऐलुमिना भी नहीं हैं। वोक्लेन ने अपने पिछले प्रयोगों के परिणामों का खुद ही खंडन कर दिया। वे इस निष्कर्ष पर पहुँचे कि क्रोकोआइट में एक नयी धातु उपस्थित है जिसके गुण अन्य धातुओं के गुणों से भिन्न हैं।

वोक्लेन ने खनिज के पाउडर को पोटेशियम कार्बोनेट के साथ उबाला। प्राप्त लेड कार्बनेट में वैज्ञानिक के कथनानुसार किसी अज्ञात अम्ल का पोटेशियम लवण उपस्थित था। विभिन्न अभिकर्मक मिलाने से यह विलयन तरह-तरह के सुंदर रंगों में रंग जाता था : पारद लवण लाल अवसाद देते थे; लेड लवण—पीला, टिन क्लोराइट विलयन को हरा कर देता था। इन सब परिणामों से वोक्लेन को विश्वास आ गया कि उनका वास्ता सचमुच एक नए तत्त्व के साथ पड़ रहा है। अब इसका ऑक्साइड प्राप्त करना काफी सरल हो गया था।

इस घटना के कई वर्ष बाद द० मेंडेलीफ ने अपनी पुस्तक 'रसायन के सिद्धांत' में लिखा है कि वोक्लेन यूराल में मिले लाल क्रोमियम अयस्क या क्रोमियम लेड लवण के बल पर ही क्रोमियम की खोज कर पाए। इस तत्त्व के यौगिकों के चमकीले रंगों के कारण वैज्ञानिक ने इसका नाम यूंनानी शब्द क्रोमा (chroma) से बनाया जिसका अर्थ 'रंगता हूँ' होता है। यहाँ इस बात की चर्चा जरूरी है कि नयी धातु का यह नाम वोक्लेन ने अपने देशवासियों फोरक्रुय तथा

हाइये के सुझाव पर रखा। वोक्लेन से अलग, स्वतंत्र रूप से उन्हीं दिनों क्लाप्रोत ने भी क्रोकोआइट में एक नयी धातु की उपस्थिति सिद्ध की, परंतु वे अपनी बात फ्रेंच रसायनज्ञ की तरह स्पष्ट नहीं कर सके।

लंबे अर्से तक धात्विक क्रोमियम प्राप्त करने के सभी प्रयास असफल होते रहे। वोक्लेन ने भी ऐसे प्रयास किये, परन्तु उन्हें भी केवल क्रोमियम कार्बाइड प्राप्त करने में सफलता मिली।

बेरिलियम

1798 में वोक्लेन की किस्मत ने एक बार फिर उनका साथ दिया, उन्होंने एक नए रासायनिक तत्त्व बेरिलियम की खोज कर दी। यह कोई सरल काम नहीं था, इसे केवल वोक्लेन जैसा प्रतिभाशाली तथा कुशल रसायनज्ञ-विश्लेषक कर सकता था। आगे चलकर यह पता चला कि गुणों के मामले में बेरिलियम बहुत नखरेबाज है तथा कई सालों तक इसकी संयोजकता और परमाणु भार के मान पर वैज्ञानिकों में मतभेद रहा जिसकी वजह से मेंडेलीफ को अपनी आवर्त प्रणाली व्यवस्थित करने में काफी दिक्कत हुई।
बेरिलियम की इन खूबियों की चर्चा हम बाद में करेंगे।

मानव प्राचीन काल से बहुमूल्य तथा अर्द्धमूय रत्नों की जानकारी रखता आ रहा है, जैसे चमकीला हरा पन्ना, प्रकाश के अनुसार रंग बदलने वाला ऐलेग्जैनड्राइट आदि। इन सबके अंदर बेरिलियम ऑक्साइड उपस्थित होता है। हजारों सालों से ये रत्न आभूषणों में प्रयुक्त होते आ रहे हैं, परंतु केवल अठारहवीं शताब्दी के अंतिम चतुर्थांश में वैज्ञानिकों ने इनके गठन में दिलचस्पी लेनी शुरू की।

बर्लिन के एक प्रोफेसर अहार्ड (1779) उन प्रथम व्यक्तियों में गिने जाते हैं जिन्होंने बेरिल का अध्ययन शुरू किया। उन्होंने अपने लंबे तथा थका देने वाले विश्लेषण छः बार दोहराए और उन्हें यह लगा जैसे कि उन्होंने बेरिल की गठन ठीक-ठीक पता कर ली है। उनके परिणामों के अनुसार बेरिल में 21.7% सिलिका (सिलिकन ऑक्साइड) 60.05% ऐलुमिना (ऐलुमिनियम ऑक्साइड) 5.02% लोह ऑक्साइड व 8.3% चूना मिट्टी (कैल्सियम ऑक्साइड) उपस्थित थे। इन पदार्थों की मात्राओं का योग 95.07% बैठ रहा था। बाकी 5% का क्या हुआ, समझ नहीं आ रहा था।

1785 में एक अन्य जर्मन रसायनज्ञ बीन्डहेइम ने बेरिल का विश्लेषण दोहराया। परंतु इस बार उनके द्वारा प्राप्त पदार्थों की मात्राओं का योग 101% बैठ

रहा था, हालांकि उन्हें भी वही घटक मिले थे, जो अहार्ड को। फालतू प्रतिशत कहाँ से आ गया, पता नहीं चल रहा था।

इस घटना के 12 साल बाद विश्लेषण के पंडित क्लाप्रोत ने इस काम को अपने हाथ में लिया, जो यूरेनियम, टाइटेनियम तथा जिर्कोनियम के खोजकर्ता के रूप में सारे विश्व में प्रसिद्ध हो चुके थे। उन्होंने पेरू से मिले पन्नों का अध्ययन शुरू किया। उन्हें ये पन्ने रूसी कूटनीतिज्ञ तथा खनिजों के शौकीन गोलीत्सिन ने भेंट किए थे। प्राचीन काल में भी लोगों को इस बात की जानकारी थी कि बेरिलों व पन्नों में काफी समानताएँ होती हैं। क्लाप्रोत ने इस बात की पुष्टि करने के लिए रासायनिक विश्लेषण का सहारा लिया। उन्हें पन्ने के अंदर वे घटक मिले जो बेरिल में उपस्थित थे, परंतु प्राप्त पदार्थों की मात्राओं का योग 98% बैठ रहा था। क्लाप्रोत इस 2% कमी का रहस्य नहीं खोल सके और एक और (चौथे) तत्त्व की खोज के श्रेय से वंचित हो गए।

क्लाप्रोत से पहले तथा फिर उन्हीं के साथ-साथ वोक्लेन भी बेरिलों तथा पन्नों का अध्ययन कर रहे थे। परंतु काफी अर्से तक उनके प्रयोग व्यर्थ जा रहे थे। उन्हें एक तथ्य जरूर पता लगा, जो आगे चलकर बड़ा महत्त्वपूर्ण सिद्ध हुआ : बेरिल तथा पन्ने में एक ही प्रकार के पदार्थ उपस्थित थे, परंतु उनकी मात्राएँ विभिन्न थीं। इसके अलावा वोक्लेन को पन्ने में क्रोमियम की थोड़ी सी मात्रा भी मिली। इस तत्त्व को वे उन्हीं दिनों खोज कर चुके थे। क्रोमियम की उपस्थिति से पन्ने के हरे रंग के रहस्य पता चल गया। बेरिल में क्रोमियम बिल्कुल भी नहीं था। बस तभी वोक्लेन के दिमाग में यह विचार पैदा हुआ कि पन्ने और बेरिल की विभिन्नता क्रोमियम की अनुपस्थिति तक ही सीमित नहीं हो सकती। यह भी तो संभव हो सकता है कि बेरिल में कोई 'और पदार्थ' उपस्थित है जो विश्लेषण के दौरान या तो नष्ट हो जाता है या किसी दूसरे घटक, जैसे ऐलुमिना, के पीछे छिप जाता है।

14 फरवरी 1798 को वोक्लेन ने पेरिस विज्ञान अकादमी की सभा में एक रिपोर्ट पढ़ी जिसका शीर्षक ही उसका विषय बता रहा था : "ऐक्वामेरीन या बेरिल के बारे में तथा इस खनिज में एक नयी मृदा की प्राप्ति के बारे में।"

वोक्लेन ने यह बताया कि कुछ विश्लेषणों के आधार पर उन्हें यह विश्वास हो गया है कि बेरिल में कोई अज्ञात अशुद्धि उपस्थित है, जो हर वक्त ऐलुमिना के साथ रहती है तथा उसे ऐलुमिना से अलग करना बहुत कठिन काम है। इसी कारण खनिज के नमूने में ऐलुमिनियम ऑक्साइड की प्रतिशत मात्रा हर बार भिन्न

निकलती है। काफी प्रयासों के बाद वोक्लेन इस अशुद्धि को अलग करने में सफल हो गए। इस चीज के रासायनिक गुण वास्तव में ऐलुमिना से बहुत मिलते-जुलते थे, परंतु एक अंतर जरूर मिला : यह चीज ऐलम नहीं बनाती थी।

अगर यह नयी चीज ऐलुमिना नहीं थी तो यह उस वक्त ज्ञात 'मृदाओं' में भी शामिल नहीं की जा सकती थी, क्योंकि यह उनसे ऐलुमिना से भी ज्यादा भिन्न थी। इसका मतलब यह हुआ कि यह वास्तव में किसी अज्ञात तत्त्व का ऑक्साइड अर्थात् नयी 'मृदा' थी।

लवण का स्वाद मीठा होने के कारण वोक्लेन ने नए तत्त्व का नाम ग्लूसाइनम (यूनानी भाषा में इस शब्द का अर्थ 'मीठा' होता है) रखना चाहा (चिह्न Gl)। परंतु इस नाम को मान्यता नहीं दी गयी क्योंकि प्रकृति वाले कई अन्य पदार्थों का स्वाद भी मीठा होता है। क्लाप्रोत के सुझाव पर इसका नाम 'बेरिलियम' रखा गया।

अगर ध्यान से देखें तो हम बहुत सारे रासायनिक तत्त्वों में कोई न कोई खूबी ढूँढ़ सकते हैं जिसने इस तत्त्व की खोज तथा आगे के जीवन को काफी प्रभावित किया। बेरिलियम की खूबी यह थी कि वह ऐलुमिनियम से मिलता था। इस समानता के कारण लगभग बीस साल तक रसायनज्ञ-विश्लेषक गलतफहमी में पड़े रहे और अहार्ड, बीन्डहेइंम तथा क्लाप्रोत जैसे कुशल वैज्ञानिक सच्चाई को जानने में असमर्थ रहें। बेरिलियम ने खुद भी कोई कम परेशान नहीं किया, इसके यौगिकों की दुहरी प्रकृति के कारण उन्हें शुद्ध रूप में प्राप्त करना काफी मुश्किल काम था।

काफी अर्से तक इस बात पर ही बहस चलती रही कि बेरिलियम ऑक्साइड का सूत्र क्या है : BeO या Be_2O_3। बहुत सारे वैज्ञानिकों ने दूसरे सूत्र को सही माना, यह इस कारण से कि बेरिलियम ऐलुमिनियम से मिलता है, अतः अगर ऐलुमिनियम ऑक्साइड का सूत्र Al_2O_3 है तो बेरिलियम ऑक्साइड का सूत्र Be_2O_3 होना चाहिए। सूत्र के चुनाव के अनुसार बेरिलियम का परमाणु भार भी अलग-अलग निकाला गयाः परिणामों की सत्यता सिद्ध करने के लिए प्रयासों से विभिन्न मान प्राप्त हुए : 9 से 14 तक। इसी कारण बेरिलियम को मेंडेलीफ की आवर्त सारणी के विकास में बाधा डालने वाली टोली का अगुआ माना जाता है। मेंडेलीफ खुद तो यह समझ गए थे कि बेरिलियम ऑक्साइड का सूत्र BeO है तथा द्विसंयोजक होने के कारण यह तत्त्व आवर्त सारणी के द्वितीय ग्रुप में रखा जाना चाहिए, परंतु इसके लिए यह आवश्यक था कि बेरिलियम का परमाणु भार 9 के

लगभग हो। परंतु अन्य अनुसंधानकर्ताओं के परिणाम और भी ज्यादा भिन्न निकल रहे थे। बेरिलियम की त्रि-संयोजकता के पक्के समर्थक दो स्वीडिश रसायनज्ञ थे : नील्सन और पीटरसन। उनके प्रयोगों के अनुसार बेरिलियम का परमाणु भार 13.8 था तथा उनके विचार से इस तत्त्व को आवर्त सारणी में नहीं रखा जा सकता था। परंतु अधिक परिशुद्ध प्रयोगों के बाद इन्हीं वैज्ञानिकों को मेंडेलीफ की बात को मान्यता देनी पड़ी। परंतु यह घटना 1884 में घटी, अर्थात् आवर्त नियम की खोज के 15 साल बाद।

आइए, अब वोक्लेन की खोज की ओर लौटते हैं। उन्होंने जिन बेरिलों का अध्ययन किया था वे रूस से लाए गये थे। फ्रेंच पर्यटक तथा खनिजविद् पाटर्न को ये खनिज अल्ताई में मिले थे और उन्होंने कुछ नमूने वोक्लेन को भेंट कर दिए। संक्षेप में यह कहा जा सकता है कि वोक्लेन को सफलता इसलिए मिली क्योंकि उन्होंने रूसी खनिजों का विश्लेषण किया : क्रोमियम साइबेरियन क्रोकोआइट में ही तो मिला था।

1798 में जर्मनी के एक प्रोफेसर ग्मेलीन ने बेरिलियम की पुनः खोज की। उन्होंने भी रूसी बेरिलों का विश्लेषण किया, जो नेरचिन्स्क खानों में मिले थे।

धात्विक बेरिलियम की प्राप्ति काफी कठिन काम साबित हुआ। 1810 में डेवी ने वैद्युत रासायनिक विधि द्वारा इस समस्या को हल करने की कोशिश की, परंतु उन्हें सफलता नहीं मिली। 1828 में जर्मनी में व्योलर तथा फ्रांस में ब्यूसी को पहली बार बेरिलियम स्वतंत्र रूप में प्राप्त हुआ। उन्होंने बेरिलियम क्लोराइड को धात्विक पोटेशियम द्वारा अपचयित किया। परंतु इस बेरिलियम में काफी अशुद्धियाँ थीं। बेरिलियम की खोज के केवल 100 साल बाद फ्रेंच रसायनज्ञ लेबो ने शुद्ध धात्विक बेरिलियम प्राप्त करने की विधि खोजी : बेरिलियम के दुहरे फ्लुओराइड तथा सोडियम के वैद्युत अपघटन द्वारा। वोक्लेन द्वारा बेरिलियम की खोज के केवल 150 साल बाद यह तत्त्व प्रायोगिक रूप से इस्तेमाल होना शुरू हुआ। इस तत्त्व में कई बेहतरीन भौतिक और रासायनिक गुण पाए गए, जिनके आधार पर यह नयी तकनीक के लिए अति मूल्यवान् बन गया।

नियोबियम तथा टैन्टेलम

इन तत्त्वों का प्रारंभिक जीवन एक दूसरे के साथ इतना ज्यादा संबंधित रहा कि इनकी खोजों के इतिहास का अलग-अलग वर्णन शायद ही उचित होगा। इनका इतिहास 26 नवंबर 1801 के दिन से शुरू हुआ जब अंग्रेज रसायनज्ञ

हैट्चेट ने ब्रिटिश रॉयल सोसाइटी की सभा में एक नए तत्त्व की खोज की सूचना दी। सभा के सदस्य-वैज्ञानिक इस प्रकार की सूचनाओं के आदी हो गए थे। ये खबरें अब पहले की तरह सनसनी नहीं पैदा करती थीं। हैट्चेट का भाषण शांति के साथ सुना गया। उसका विषय था : ''उत्तरी अमरीका के एक खनिज का विश्लेषण, जिसमें अभी तक एक अज्ञात धातु उपस्थित है।' सच कहें तो हैट्चेट को खनिज का नमूना सीधा नयी दुनिया से नहीं मिला था बल्कि एक बिल्कुल नजदीक जगह से–ब्रिटिश संग्रहालय से मिला था। संग्रहालय की तालिका में इस खनिज को 'एक काला अयस्क' बताया गया था, ''जिसे विन्ट्रोप नामक व्यक्ति ने मैसाचुसेट्स (संयुक्त राज्य अमरीका) से भेजा था।''

शुरू में हैट्चेट ने यह समझा कि उक्त खनिज साइबेरिया के क्रोमियम अयस्क की एक किस्म है, अतः उन्होंने इस अयस्क से क्रोमिक अम्ल अलग करने का प्रयास किया। परंतु बात कुछ और ही निकली। अब यह ज्ञात हो चुका है कि मेसाचुसेट्स से भेजे खनिज में कई धातुएँ उपस्थित हैं तथा इस खनिज से एक नया तत्त्व प्राप्त करना बहुत मुश्किल काम था। खनिज में जरा सा भी क्रोमियम नहीं था। तब हैट्चेट इस निष्कर्ष में पहुँचे कि उनके द्वारा प्राप्त यौगिक क्रोमिक अम्ल न होकर किसी अज्ञात धातु का ऑक्साइड था। इस खनिज के उत्पत्ति-स्थल के सम्मान में अंग्रेज वैज्ञानिक ने इसका नाम कोलम्बाइट (अमरीका के अन्वेषक कोलम्बस तथा इस महाद्वीप के पहले नाम कोलम्बिया के नाम पर) रखा। तत्त्व का नाम 'कोलम्बियम' रखा गया। एक साल बाद 1802 में एक ऐसी घटना घटी जिसने कोलम्बियम की खोज की नगण्यता को काफी दिलचस्प बना दिया। स्वीडिश रसायनज्ञ एकेबर्ग को इतैरबू गाँव के पास मिले कुछ खनिजों के विश्लेषण से एक नयी धातु का ऑक्साइड प्राप्त हुआ। सफेद रंग का यह ऑक्साइड किसी भी अम्ल की बड़ी से बड़ी मात्रा में नहीं घुल रहा था।

एकेबर्ग ने इस ऑक्साइड को विलयन में परिवर्तित करने के गंभीर प्रयास किए, परंतु हर बार उन्हें असफलता मिली। उन्होंने इस नयी धातु का नाम 'टैन्टेलम' (टैन्टेलस द्वारा सही यंत्रणा के आधार पर) रखा, जिसका अर्थ है बेकार अर्थात् व्यर्थ प्रयास। एकेबर्ग को पक्का विश्वास था कि उन्होंने वास्तव में एक नया तत्त्व खोज डाला है तथा कई वैज्ञानिक भी उनकी बात का समर्थन कर रहे हैं। परंतु अंग्रेज रसायनज्ञ वोलेस्टोन के परिणाम बहुत ही आश्चर्यजनक थे। उन्होंने 1809 में यह घोषणा की : कि कोलम्बियम तथा टैन्टेलम के बीच कोई अंतर नहीं है। दोनों एक ही तत्त्व हैं। इन धातुओं के ऑक्साइडों का घनत्व एकसा

था तथा वोलेस्टोन को दोनों के रासायनिक गुण भी सदृश लगे। उनके लेख का शीर्षक था : "कोलम्बियम तथा टैन्टेलम की समरूपता।" इसका मतलब यह हुआ कि एकेबर्ग ने केवल कोलम्बियम की पुनः खोज की अर्थात् उन्होंने हैट्चेट की खोज की पुष्टि की।

परंतु बेर्जेनियस कुछ और ही समझ रहे थे। उन्होंने एकेबर्ग द्वारा प्रस्तावित नाम 'टैन्टेलम' का समर्थन किया। उनकी राय यह थी कि अंग्रेज और स्वीडिश रसायनज्ञों के नाम साथ-साथ लिए जाने चाहिए। 1814 की शरद में बेर्जेनियस ने स्कॉटलैंड के रसायनज्ञ थामसन को एक व्यक्तिगत पत्र लिखा जिसमें उन्होंने यह कहा कि वे हैट्चेट की खोज का महत्त्व कम नहीं समझते, परंतु वे इस बात पर जोर देना चाहते हैं कि एकेबर्ग के अनुसंधान कार्यों से पहले टैन्टेलम तथा इसके ऑक्साइडों के गुणों की किसी को कोई जानकारी नहीं थी। (यह वही थामसन थे जो डाल्टन के परमाण्विक सिद्धांत के प्रथम समर्थक थे)। बेर्जेनियस के विचारानुसार हैट्चेट का कोलम्बिक अम्ल टैन्टेलम ऑक्साइड तथा टंग्स्टिक अम्ल का मिश्रण था, परंतु शीघ्र ही यह स्पष्ट हो गया कि कोलम्बाइट में टंग्स्टन बिल्कुल नहीं था।

तीन दशकों बाद बेर्जेनियस के एक शिष्य रोजे ने इस झगड़े का हमेशा के लिए फैसला कर दिया। उन्होंने यह सिद्ध कर दिया कि टैन्टेलम तथा कोलम्बियम के बीच समात्मिकता नहीं है जिसका मतलब यह हुआ कि हैट्चेट तथा एकेबर्ग ने भिन्न रासायनिक तत्त्व खोजे थे।

रोजे ने अलग-अलग निक्षेपों से कोलंबाइट तथा टैन्टेलाइट के नमूने लेकर उनका विश्लेषण किया। हर बार वे इस निष्कर्ष पर पहुँचे कि इन खनिजों में टैन्टेलम के अलावा एक और अज्ञात तत्त्व उपस्थित है। जिसके गुण टैन्टेलम से मिलते हैं। रोजे ने इस अजनबी का नाम 'नियोबियम' (टैन्टेलस की पुत्री 'नियोबा' के सम्मान में) रख दिया। 1845 की ग्रीष्म में वैज्ञानिक के हाथ यह खनिज लग गया जिसमें किसी जमाने में हैट्चेट ने कोलम्बियम खोजा था। रोजे ने इस खनिज से नियोबियम ऑक्साइड अलग किया जो कोलम्बियम ऑक्साइड के सदृश था।

गलतफहमी आखिर दूर हो ही गयी इसकी वजह यह थी कि नियोबियम और टैन्टेलम के गुण बहुत मिलते-जुलते हैं तथा दोनों तत्त्व कोलम्बाइट तथा टैन्टेलाइट में एक साथ मिलते हैं। असल में हैट्चेट तथा एकेबर्ग ने दोनों तत्त्वों की एक ही वक्त पर खोज की, परंतु वे इनके बीच कोई अंतर नहीं ढूँढ़ सके। हैट्चेट ने जिस खनिज का अध्ययन किया था, उसमें निस्संदेह नियोबियम ज्यादा था। इसी वजह से दोनों तत्त्वों की जीवनगाथा की सबसे महत्त्वपूर्ण घटना नियोबियम

और टैन्टेलम को अलग करने की विधि की खोज मानी जाती है। 1865 में इस काम को स्विटजरलैंड के एक रसायनज्ञ मारिन्याक ने किया जिन्होंने हाइड्रोफ्लुओरिक अम्ल में पोटेशियम फ्लुओटैन्टेलेट तथा फ्लुओनियोबेट की विलेयताओं में अंतर स्थापित किया। उसी साल मारिन्याक ने नियोबियम और टैन्टेलम के सही परमाणु भार निकाले। कई रसायनज्ञों ने इन तत्त्वों को शुद्ध रूप में प्राप्त करने की कोशिश की, परंतु उन्हें अशुद्ध धातुएँ ही मिलीं। केवल बीसवीं शताब्दी के आरंभ में एक अमरीकी वैज्ञानिक बोल्टन को 99% शुद्ध नियोबियम तथा टैन्टेलम प्राप्त करने में सफलता मिली।

प्लैटिनम धातुएँ

आवर्त सारणी के आठवें ग्रुप के छः तत्त्व प्लैटिनम धातु कहलाते हैं—इनमें से तीन तत्त्व—रूथीनियम, रोडियम और पैलेडियम पाँचवें आवर्त के सदस्य हैं तथा बाकी तीन आस्मियम, इरीडियम और प्लैटिनम—छठे आवर्त के। अधिकांश प्लैटिनम धातुएँ भू-पर्पटी में काफी छोटे ऐतिहासिक काल में खोजी गयीं। रसायन के इतिहासकारों ने प्लैटिनम धातुओं के इतिहास पर ध्यान दिया, परंतु इसके बावजूद भी इनके इतिहास के कई पहलू अभी भी पर्याप्त रूप से स्पष्ट नहीं हैं। इसका मुख्य कारण यह है कि ऊपर गिनाये छः तत्त्वों के रासायनिक गुण एक दूसरे से बहुत ज्यादा भिन्न हैं। इन रासायनिक विभिन्नताओं पर हम नीचे प्रकाश डालेंगे।

सभी प्लैटिनम धातुएं भू-पर्पटी में बहुत कम विस्तृत हैं : इसके वजन के केवल $5.10^{-7}\%$ परंतु प्लैटिनम तथा पैलेडियम के प्राकृतिक स्रोत इससे दस गुना अधिक हैं। कुछ भी हो, उन्नीसवीं शताब्दी के आरंभ में रासायनिक वैश्लेषिक विधि इतने विरल रासायनिक तत्त्वों को ढूंढ़ने में समर्थ थी। इसके अलावा एक और बात ने प्लैटिनम धातुओं की खोज के इतिहास को काफी ज्यादा प्रभावित किया : ये प्रकृति में स्वतंत्र रूप में मिलती हैं। परंतु केवल प्लैटिनम ही ऐसी धातु है जो बड़े डलों के रूप में मिलती है (अब तक जितने प्लैटिनम डले मिले हैं, उनमें सबसे बड़े का वजन 10 किलोग्राम है)। शायद इसी वजह से प्लैटिनम धातुओं की खोज के इतिहास में प्लैटिनम का नाम सबसे पहले लिखा गया है।

प्रकृति में प्लैटिनम धातुएँ कुछ अयस्कों और खनिजों में अधिक मिलती हैं। काफी पुराने जमाने से वैज्ञानिक कच्चे प्लैटिनम या प्लैटिनम अयस्क के साथ काम करते आ रहे हैं। आज इसे खनिज पालिक्सन कहते हैं। इसमें मुख्यतः प्लैटिनम, लौह, इरीडियम, पैलेडियम तथा रोडियम उपस्थित होते हैं। इसके अलावा इसमें

लगभग 10 अन्य रासायनिक तत्त्व भी बहुत थोड़ी मात्रा में उपस्थित होते हैं। स्पष्ट है कि इस खनिज ने रासायनिक वैश्लेषिक विधि इस्तेमाल करने वाले रसायनज्ञों को काफी परेशान किया।

स्वर्ण और रजत के साथ सारी प्लैटिनम धातुएँ भी बहुमूल्य धातुओं के परिवार में गिनी जाती हैं। इसका एक कारण यह भी है कि ये धातुएँ अम्लों के प्रति बहुत स्थायी होती हैं। केवल पैलेडियम ऐसी धातु है जो गर्म नाइट्रिक अम्ल में धीरे-धीरे विलीन हो जाती है। परंतु इस 'खूबी' से प्लैटिनम और इसके साथियों का अध्ययन कठिन बन गया क्योंकि विभिन्न खनिजों का विखंडन करने के लिए अम्लों की ही तो सहायता ली जाती है।

अन्य शब्दों में यह कहा जा सकता है कि प्लैटिनम धातुओं के अध्ययन के क्षेत्र में सफलता प्राप्त करने के लिए रसायनज्ञ-विश्लेषक को मेहनती तथा समझदार होना चाहिए था। इन धातुओं के गुणों की विभिन्नता का भी ध्यान रखना था। बहुत ज्यादा समानता होते हुए भी प्लैटिनम धातुओं की रासायनिक प्रकृति में कुछ भिन्नता थी। परंतु ये सारी सूचनाएँ कई सालों तक इकट्ठी होती रहीं तथा आरंभ में अनुसंधानकर्ताओं को अपनी सहजबुद्धि पर निर्भर रहना पड़ा।

अगर प्लैटिनम को अलग कर दिया जाए (आगे चलकर हम देखेंगे कि इस धातु की खोज का इतिहास पूरी तरह से ज्ञात नहीं है) तो ये कहा जा सकता है कि चार प्लैटिनम धातुएँ केवल दो साल के अर्से के अंदर (1803 और 1804 में) एक ही देश-इंग्लैंड-के वैज्ञानिकों ने कच्चे प्लैटिनम के विश्लेषण से प्राप्त कर ली थीं। इस बात में कोई शक नहीं कि कुछ अनुकूल परिस्थितियाँ इस कार्य में सहायक सिद्ध हुई, परंतु वास्तविकता में ये खोजें अनुसंधानकर्ताओं की कुशलता का परिणाम थीं। इसके बाद प्राप्त परिणामों के अध्ययन में तथा कच्चे प्लैटिनम को शुद्ध करने की नई विधियाँ ढूँढ़ने और प्लैटिनम धातुओं की रासायनिक प्रकृति समझने में पूरे चालीस साल लग गए। केवल इसके बाद ही अंतिम प्लैटिनम धातु--रूथीनियम की खोज संभव हो पायी। परंतु काफी लंबे अर्से तक एक सवाल फिर भी खड़ा रहा : प्लैटिनम के सारे साथी प्रकृति में ढूँढ़ लिए गए हैं या नहीं?

नए रासायनिक तत्त्वों की झूठी खोजों ने प्लैटिनम खनिजों तथा अयस्कों का अध्ययन काफी मुश्किल कर दिया। परंतु इन गलतफहमियों से सच्चाई का मार्ग ढूँढ़ने में सहायता भी मिली।

हमारे जमाने में भी प्लैटिनम धातुओं को काफी ज्यादा शुद्ध रूप में प्राप्त करना जटिल रासायनिक काम माना जाता है। अतः इस बात में कोई संदेह नहीं

होना चाहिए कि जिस वक्त ये धातुएँ खोजी गयीं, इन सबमें अशुद्धियों की पर्याप्त मात्रा भी मिली हुई थी।

यूरोप कच्चा प्लैटिनम काफी अर्से तक दक्षिणी अमरीका से मँगवाता रहा। इस कारण इन धातुओं का रासायनिक अध्ययन ज्यादा विकसित नहीं हो पाया। 1824 की ग्रीष्म में यूराली प्लैटिनम की खोज बहुत महत्त्वपूर्ण साबित हुई और अगले साल इस प्रचुर निक्षेप का औद्योगिक स्तर पर खनन शुरू हो गया। 1825 में इस निक्षेप से 10 पूद* कच्चा प्लैटिनम प्राप्त किया गया (तुलना के लिए हम बताना चाहेंगे कि दक्षिणी अमरीकी निक्षेपों से एक साल में एक पूद से भी कम प्लैटिनम मिलता था।)

इतिहास की सनक का एक उदाहरण देखिए—यूराली प्लैटिनम की खोज अगर 25 साल पहले हो जाती, तो प्लैटिनम धातुओं के अध्ययन का परिणाम कुछ और ही होता। कई अन्य रासायनिक तत्त्वों के इतिहास में भी ऐसा कुछ देखने को मिलता है : धातुओं के प्रचुर स्रोत मिलने से पहले रसायनज्ञ इन धातुओं के विरल तथा गिने-चुने खनिजों के अध्ययन में खून-पसीना एक कर चुके थे।

इसलिए हम यह कह सकते हैं कि कई रासायनिक तत्त्वों की खोज का क्रम अक्सर इस बात पर निर्भर रहता था कि नए तत्त्व का प्राकृतिक स्रोत कितना विस्तृत था क्योंकि अयस्क के नमूने की मात्रा अपर्याप्त होने पर रासायनिक वैश्लेषिक विधि द्वारा कई बार अज्ञात तत्त्व को ढूँढ़ना असंभव हो जाता था।

हमारा ध्यान मुख्य विषय से हट गया है, परंतु उक्त तथ्य प्लैटिनम धातुओं की खोज के इतिहास पर काफी प्रकाश डालते हैं। आइए, अब प्रत्येक तत्त्व की अलग-अलग व्याख्या करते हैं।

प्लैटिनम

यह बहुमूल्य धातु कई बार उन धातुओं की सूची में शामिल की जाती है, जो अति प्राचीन काल में ज्ञात थीं, अर्थात् स्वर्ण तथा रजत के साथ गिनी जाती है। इस निष्कर्ष पर पहुँचने का कारण प्लैटिनम का बड़े डले के रूप में मिलना हो सकता था। परंतु सच्चाई की खातिर हम यह बताना चाहेंगे कि प्राचीन काल में धात्विक प्लैटिनम के मिलने तथा प्रयोग में लाने की बात केवल किंवदंतियों पर आधारित है। क्योंकि यह बात काफी संदेहजनक लगती है कि हमारे दूरवर्ती पूर्वज

---

* 1 पूद—16.38 किलोग्राम।

प्लैटिनम को शुद्ध रूप में इस्तेमाल करते थे। कुछ प्राचीन दस्तावेजों में कच्चे प्लैटिनम निक्षेपों का विवरण मिलता है, परंतु ये विवरण अधूरे तथा अस्पष्ट हैं। उदाहरण के लिए, प्लीनी ज्येष्ठ ने काले रंग की भारी रेत का वर्णन किया है (उनका अभिप्राय संभवतः टिन अयस्क में था); कुछ इतिहासकारों ने कई शताब्दियों बाद यह लिख दिया कि प्लीनी ने प्लैटिनम खानें देखी थीं उनके विचारानुसार भूमध्यसागर की कुछ जातियाँ सफेद रंग का एलेक्ट्रुम नामक जो ऐलाय इस्तेमाल करती थीं, वह स्वर्ण और रजत का ऐलाय नहीं, बल्कि प्लैटिनम था।

मध्य युग में भी समय-समय पर विभिन्न प्राकृतिक खनिजों का वर्णन किया जाने लगा, जिन्हें बाद में प्लैटिनम अयस्क बताया जाने लगा। संक्षेप में यह कह सकते हैं कि प्लैटिनम तथा प्लैटिनम धातुओं का शताब्दियों पुराने इतिहास का अध्ययन अभी पूरा नहीं हुआ है। यहाँ हम उन घटनाओं का वर्णन करने जा रहे हैं जो इस तत्त्व की वास्तविक खोज से पहले घटीं।

यूरोप में अज्ञात खनिजों के नमूने पहली बार दक्षिणी अमरीका के एक छोटे से निक्षेप 'चोको' (आधुनिक कोलंबिया) से लाए गए। धात्विक रूप में इस धातु का प्रथम वर्णन सन् 1557 में इतालवी प्रकृति-वैज्ञानिक तथा कवि स्कालीगेर ने किया। लगभग उन्हीं दिनों एक अन्य प्रसिद्ध इतालवी वैज्ञानिक कारदानो ने दक्षिणी अमरीकी खनिज के गुणों पर एक लेख प्रकाशित किया। दोनों लेखों में इस धातु की किसी अज्ञात प्रकृति की चर्चा की गयी। कुछ अर्से तक यह धातु 'स्पेनिश कोरूंडुम' के नाम से जाना जाता रहा।

निक्षेप चोको स्पेनिश लोगों के कब्जे में था। यहाँ पिंटो नामक छोटी सी नदी बहती थी। स्पेनिश उपनिवेशिकों ने खनिज का नाम 'प्लाटीना डेल पिंटो' रखा; प्लाटीना शब्द 'प्लाटो' का संक्षिप्त रूप है जिसका स्पेनिश भाषा में अर्थ है–'रजत।'

स्पेनिश अधिकारी, गणितज्ञ तथा पर्यटक डोन अन्तोनिअ डे उलोआ प्रथम व्यक्ति था जिसने यूरोप के प्रकृति-वैज्ञानिकों को इस नाम से परिचित कराया। सन् 1736 में एक छोटे से अभियान-दल के सदस्य के रूप में अन्तोनिओ दक्षिणी अमरीका की यात्रा पर निकला, जहाँ उसने अन्य स्थानों के अलावा चोको निक्षेप का भी दौरा किया। 10 साल के बाद वह स्पेन लौटा। 1748 में उसने एक गंभीर पुस्तक लिखी जिसका शीर्षक निम्न था : "दक्षिणी अमरीका की यात्रा की रिपोर्ट"। यह पुस्तक मैड्रिड में प्रकाशित हुई। यह यूरोप की पहली पुस्तक थी जिसमें 'प्लेटिनम' शब्द इस्तेमाल किया गया था।

कभी-कभी इसी तथ्य के आधार पर अन्तोनिओ को प्लैटिनम का प्रथम

खोजी बताया जाता है। खोजकर्ता के परिश्रम को पूर्ण आदर देते हुए यह कहा जा सकता है कि उक्त निष्कर्ष न्यायोचित नहीं है। स्पेनिश पर्यटक तथा प्रकृति-वैज्ञानिक रसायनज्ञ नहीं था। अगर हम यह कहें कि प्लैटिनम का पहली बार वर्णन करने वाले व्यक्ति का नाम अन्तानिओ था तो ज्यादा बेहतर रहेगा। परंतु इस नए रासायनिक तत्त्व की खोज का श्रेय उसे देना गलत होगा क्योंकि उसके वर्णन और 'नए तत्त्व की खोज' के बीच कोई मेल ही नहीं बैठता है। परंतु इसके बावजूद भी सन् 1748 को प्लैटिनम की खोज की तिथि स्वीकार की गयी है।

अन्तोनिओ की पुस्तक से यूरोप के प्रकृति-वैज्ञानिकों की प्लैटिनम में बहुत रुचि हो गयी और यूरोप के देश दक्षिणी अमरीकी निक्षेपों से प्लैटिनम अयस्क आयात करने लगे। विभिन्न यूरोपीय देशों के रसायनज्ञ कच्चे प्लैटिनम का रासायनिक अध्ययन करने लगे। इन अनुसंधानों के दौरान धीरे-धीरे यह विश्वास होने लगा कि चोको से लाए खनिज में वास्तविकता में एक नया तत्त्व उपस्थित है जो एक धातु है जिस पर रासायनिक अभिकर्मकों का कोई विशेष असर नहीं होता।

रसायन के आधुनिक इतिहासकार ऐसे कई अनुसंधानकर्ताओं के नाम लेते हैं जो अठारहवीं शताब्दी के द्वितीय अर्धांश में दक्षिणी अमरीकी खनिज का बड़ी दिलचस्पी के साथ अध्ययन कर रहे थे। वे अंग्रेज रसायनज्ञों वाटसन व ब्राउनिंग, स्वीडिश वैज्ञानिक शेफर, जर्मन अनुसंधानकर्ता फोन जिकिनगेन, फ्रेंच प्रकृति-वैज्ञानिक शाबाना के नाम गिनाते हैं। इनमें हर वैज्ञानिक ने प्लैटिनम के अध्ययन में थोड़ा या ज्यादा योगदान दिया है। इस तत्त्व के कई गुण ज्ञात किए गए, रजत व स्वर्ण के साथ इसके ऐलाय बनाने की संभावनाओं पर विचार किया गया, अम्लराज में इसकी विलेयता परखी गयी। अमोनिया क्लोराइड द्वारा विलयनों से प्लैटिनम अवक्षेपित करने की विधि भी आखिर में ढूँढ़ ली गयी, जिसने प्लैटिनम धातुओं के अध्ययन में अति महत्वपूर्ण भूमिका निभायी।

यह मानना उचित होगा कि रासायनिक तत्त्व प्लैटिनम की खोज का श्रेय किसी विशेष व्यक्ति को नहीं दिया जा सकता। इस विषय पर विभिन्न धारणाएँ हो सकती हैं, परंतु इनमें से एक को भी पूर्णतया सत्य नहीं माना जा सकता। अतः यह कहना बेहतर रहेगा कि प्लैटिनम की खोज कई व्यक्तियों के दल ने की। लेवूजियो ने 'सरल पदार्थों की सारणी' में प्लैटिनम को रासायनिक विशिष्टता दी है। उनके शब्दानुसार 'यह सरल धात्विक प्रकृति का पदार्थ है, जो अपचयित होता है तथा अम्ल होता है।'' इसी कारण यह रासायनिक तत्त्व की पदवी प्राप्त करने के योग्य हो गया।

पैलेडियम

प्लैटिनम धातु परिवार के इस सदस्य की खोज विख्यात अंग्रेज रसायनज्ञ वोल्लास्टोन ने की। उन्होंने इस तत्त्व का नाम खगोलज्ञ ओलबर्स द्वारा खोजे क्षुद्रग्रह पैलेड के नाम पर रखा। पैलेडियम की खोज की तिथि 1803 मानी जाती है हालांकि वोल्लास्टोन की डायरी से यह पता चलता है कि उन्हें जुलाई 1802 में इस नयी धातु की जानकारी हो गयी थी। वैज्ञानिक ने कच्चा प्लैटिनम अम्लराज में घोला और विलयन पर पारद सायनाइड मिलाया। परिणामस्वरूप एक पीले रंग का अवक्षेप प्राप्त हुआ। इस अवक्षेप को बहुत गर्म करके उपचयित करने पर वोल्लास्टोन को चमकीली गोलियाँ प्राप्त हुईं। वैज्ञानिक इस निष्कर्ष पर पहुंचे कि उन्हें एक नयी धातु खोजने में सफलता मिल गयी है। कुछ अज्ञात कारणों से वोल्लास्टोन ने प्राप्त परिणामों को तुरंत प्रकाशित तो नहीं करवाया, परंतु अपनी प्राथमिकता कायम रखने के उद्देश्य से इस खोज को एक विचित्र रूप दे दिया जिसके कारण पैलेडियम की खोज के इतिहास की अपनी खूबी है।

...अप्रैल 1803 में मिस्टर फोर्स्टर की दुकान के बाहर शोविन्डो पर एक छोटा सा पर्चा चिपका दिया गया था, जिस पर निम्न शब्द लिखे हुए थे (पाठकों को यह बताना चाहेंगे कि इस घटना से कुछ समय पहले फोर्स्टर को किसी अज्ञात व्यक्ति ने पतले धात्विक वर्क का एक नमूना भेजा था जिसके साथ एक पर्चा भी रखा था। इस पर्चे पर निम्न संदेश छपा हुआ था) :

"पैलेडियम या नया रजत। इस तत्त्व में ऐसे गुण विद्यमान हैं कि इसे एक नयी बहुमूल्य धातु माना जा सकता है।

1. यह शुद्ध नाइट्रिक अम्ल में घुल जाती है तथा प्राप्त विलयन का रंग गहरा लाल होता है।

2. जिस तरह अम्लराज के विलयन से स्वर्ण अवक्षेपित होता है, उसी तरह से हरा कसीस उक्त विलयन से इस धातु को अवक्षेपित कर देता है।

3. वाष्पित करने पर विलयन लाल चूने में परिवर्तित हो जाता है जो नमक के अम्ल तथा अन्य अम्लों में धुल जाता है।

4. यह धातु स्वर्ण, प्लैटिनम तथा रजत के अलावा पारद तथा अन्य सभी धातुओं द्वारा अवक्षेपित हो जाती है।

5. इसका घनत्व प्राप्त करने की विधि पर निर्भर करता है तथा 11.3 से 11.8 तक पहुँच सकता है।

6. अग्नि के संपर्क में लाने पर इस धातु की ऊपरी सतह थोड़ी सी धुंधली

हो जाती है तथा आसमानी रंग ले लेती है। परंतु कुछ समय बाद फिर से चमकने लगती है जैसे कि अन्य बहुमूल्य धातुएँ बहुत ज्यादा गर्म करने पर चमकने लगती हैं।

7. लोहार की भट्टी में भी इस धातु को बड़ी मुश्किल से पिघलाया जा सकता है।

8. परंतु अगर इसमें थोड़ा सा सल्फर मिला दिया जाए, तो यह बड़ी आसानी से पिघल जाती है जैसे जिंक।

...यह धातु केवल मिस्टर फोर्स्टर के पास मिल सकती है जिनका पता निम्न है : दुकान नंबर 26, जेरार्ड स्ट्रीट सोहो, लंदन।

धातु के तीन तरह के नमूने खरीदे जा सकते हैं जिनकी कीमत क्रमशः पाँच शिलिंग, आधी गिन्नी तथा एक गिन्नी है।''

इस पर्चे की प्रतिलिपियाँ अंग्रेज वैज्ञानिकों को भी भेजी गयी थीं। अंग्रेज रसायनज्ञ चेनेविक्स ने इस सूचना में काफी दिलचस्पी दिखायी। उन्होंने तुरंत फोर्स्टर की दुकान से इस धातु की काफी मात्रा खरीद ली। चेनेविक्स ने इस धातु में वे सारे गुण उपस्थित पाए, जिनकी चर्चा उस पर्चे में की गयी थी। उन्होंने इस धातु का नमूना वोक्लेन को भेजा। वोक्लेन ने भी चेनेविक्स के परिणामों की पुष्टि की। परन्तु चेनेविक्स को इस धातु के प्रचार का तरीका बड़ा अजीब लगा और इसमें कुछ चार सौ बीसी दिखायी दी। उन्होंने यह घोषाणा की कि इस धातु का रासायनिक विश्लेषण कुछ अद्वितीय गुण जरूर दर्शाता है, परंतु इसका मतलब यह नहीं है कि धातु एक अज्ञात पदार्थ है। केवल इतना कहा जा सकता है कि धातु प्लैटिनम और पारद का एक ऐलाय है। कुछ वैज्ञानिक चेनेविक्स के कथन का समर्थन कर रहे थे और दूसरे विरोध कर रहे थे। वोक्लेन को इस धातु में न तो प्लैटिनम मिला था और न ही पारद। परंतु चेनेविक्स अपनी बात पर डटे रहें। उनके विचारानुसार पैलेडियम प्लैटिनम और पारद का ऐलाय था। उन्होंने ब्रिटिश रॉयल सोसाइटी की सभा में अपने विचार प्रकट किए और इस विषय पर एक विशेष लेख छपवाया।

24 जून 1804 पैलेडियम के इतिहास की दूसरी महत्त्वपूर्ण तिथि है। इस दिन रॉयल सोसाइटी की सभा में वोल्लास्टोन ने अपना अगला लेख पढ़ा। इस बार यह लेख प्लैटिनम अयस्क में मिले एक नए रसायानिक तत्त्व रोडियम के बारे में था। इस लेख में वोल्लास्टोन ने पैलेडियम का रहस्य खोल दिया : ''पिछले साल पैलेडियम नामक जो धात्विक पदार्थ फोर्स्टर की दुकान में बिक रहा था, वह प्लैटिनम अयस्क में (बहुत थोड़ी मात्रा में) मिलता है। वोल्लास्टोन ने चेनेविक्स के दावे का खंडन किया। बाद में 25 फरवरी 1805 को वोल्लास्टोन ने अपनी

चालाकी की बात सरे आम कह दी और अपने को पैलेडियम का खोजी घोषित कर दिया। उसी साल 4 जुलाई के दिन वोल्लास्टोन ने रॉयल सोसाइटी के सदस्यों के सामने एक लेख पढ़ा जिसका शीर्षक था : "पैलेडियम की खोज के बारे में तथा प्लैटिनम के अलावा अन्य पदार्थों की उपस्थिति के बारे में।" 1809 में वोल्लास्टोन ने ब्राजील में मिले प्लैटिनम अयस्क के नमूने का अध्ययन करके यह स्थापित कर दिया कि पैलेडियम छोटे डलों के रूप में मिलता है। इस घटना के 18 साल बाद हम्बोल्ट ने भी वोल्लास्टोन के कथन की पुष्टि की।

रोडियम

पैलेडियम की खोज के बाद वोल्लास्टोन की गिनती उन प्रथम वैज्ञानिकों में की जाने लगी, जिनके कच्चे प्लैटिनम के साथ प्रयोग वैज्ञानिक तथ्यों पर आधारित थे तथा काफी सोच-समझ के बाद निश्चित उद्देश्य की प्राप्ति के लिए किए गए थे। वोल्लास्टोन प्लैटिनम धातुओं के रसायन के वास्तविक जन्मदाता थे। उनके प्रयोगों ने तत्त्वों के इस परिवार के पाँच सदस्यों की खोज में निर्णयात्मक भूमिका निभायी। वोल्लास्टोन के देशवासी टेनान्ट के अनुसंधानकर्ता भी इस दिशा में काफी महत्त्वपूर्ण साबित हुए। अब हम इस वैज्ञानिक की चर्चा करने जा रहे हैं।

वोल्लास्टोन ने रोडियम को सन् 1803 व 1804 के बीच खोजा, जब पैलेडियम का रहस्य खुला नहीं था, जो जेरार्ड स्ट्रीट पर फोर्स्टर की दुकान में बिक रहा था तथा रसायनज्ञों की शांति भंग कर रहा था। स्पष्ट है कि रोडियम की खोज का स्रोत भी दक्षिणी अमरीका में लाया कच्चा प्लैटिनम ही था। जिस विधि से वोल्लास्टोन ने यह प्लैटिनम धातु प्राप्त की, वह आगे चलकर क्लासिकल विधि बन गयी। सबसे पहले कच्चा प्लैटिनम अम्लराज में घोला गया। अतिरिक्त अम्ल को क्षार द्वारा उदासीन कर दिया गया। प्राप्त विलयन में अमोनियम क्लोराइड मिलाया गया जिससे प्लैटिनम अमोनियम क्लोरो-प्लैटिनेट के रूप में अवक्षेपित हो गया। बचे विलयन से पैलेडियम अवक्षेपित करने के लिए वोल्लास्टोन ने उसमें पारद साइनाइड मिला दिया। विलयन से अंतिम लवण की अतिरिक्त मात्रा निकाल कर उन्होंने उसे तब तक वाष्पित किया जब तक कि एक शुष्क अवशेष प्राप्त हो गया। वोल्लास्टोन को गहरे लाल रंग का पाउडर प्राप्त हुआ। इस पाउडर के अध्ययन से वैज्ञानिक इस निष्कर्ष पर पहुँचे कि पाउडर सोडियम तथा एक नयी धातु का द्वि-क्लोराइड था।

नयी धातु को स्वतंत्र रूप में प्राप्त करना काफी सरल काम था। गर्म लवण

को हाइड्रोजन की धारा में अपघटित करके सोडियम क्लोराइड अलग करने के बाद धात्विक पाउडर बचा। वोल्लास्टोन ने इस पाउडर को पिघला कर 'रोडियम' की धात्विक गोलियाँ तैयार कीं। नयी धातु को यह नाम दिया गया। नए प्लैटिनम तत्त्व के कई लवणों के आधार पर इसका यह नाम रखा गया। यूनानी भाषा में 'रोडोन' का अर्थ 'गुलाब', 'गुलाबी' होता है)। वोल्लास्टोन ने नए तत्त्व का नाम रखने में परंपरा का ख्याल नहीं रखा। वे करते भी क्या, 'खाली' क्षुद्रग्रह था कहाँ। 'सीरेरा' खाली था, परंतु 1803 में नए दुर्लभ मृदा तत्त्व (सीरियम) का नाम इस क्षुद्रग्रह के नाम पर रख दिया गया था।

सभी प्लैटिनम धातुओं में रोडियम सबसे अधिक विरल है। ब्राजील तथा कोलंबिया की स्वर्ण रेत में रोडियम का एकमात्र खनिज-रोडिट मिला है। अन्य प्लैटिनम धातुओं के ज्ञात खनिजों की संख्या एक से ज्यादा है, हालांकि वे भी काफी विरल हैं।

ऑस्मियम तथा इरीडियम

विज्ञान के इतिहास में सबसे पहले कभी ऐसी घटना नहीं घटी जब दो साल के अंदर एक ही देश (इंग्लैंड) में एक साथ समान गुण वाले चार तत्त्वों की खोज हुई हो। एक अन्य अंग्रेज वैज्ञानिक टेनान्ट भी वोल्लास्टोन के साथ-साथ प्लैटिनम धातुओं का अध्ययन कर रहे थे। परंतु अगर वोल्लास्टोन को पैलेडियम तथा रोडियम का खोजकर्ता माना जाता है तो ऑस्मियम और इरीडियम की खोज का श्रेय अन्य वैज्ञानिकों को दिया जाता है, हालांकि इसमें टेनान्ट का योगदान सबसे ज्यादा था।

अन्य प्लैटिनम धातुओं के मुकाबले ऑस्मियम तथा इरीडियम में कुछ खास खूबियाँ होती हैं जो इनके नामों का कारण बनीं 'आस्मियम' यूनानी शब्द आस्मे (सुगंध) से लिया गया है क्योंकि ऑस्मियम ऑक्साइड वाष्पशील होता है तथा एक विशेष तीव्र गंध देता है। दूसरे तत्त्व का नाम इसके लवणों के रंगों की विविधता के कारण 'इरीडियम' रखा गया (यूनानी शब्द 'इरीस' से, जिसका अर्थ 'इंद्रधनुष' होता है) अगर इरीडियम रंग इतने महँगे न होते तो चित्रकार सारी की सारी तस्वीर ही इन रंगों से रंग देते। इन अद्वितीय विशेषताओं के कारण प्लैटिनम धातुओं की खोज को काफी बढ़ावा मिला।

वोल्लास्टोन की तरह टेनान्ट ने अपरिष्कृत प्लैटिनम को अम्लराज में घोला। उन्हें भभके के पेंदे में धात्विक चमक वाला एक काला अवक्षेप प्राप्त हुआ।

प्लैटिनम के साथ किए प्रयोगों में यह बात पहले भी देखी गयी थी, परंतु इस अवक्षेप को ग्रोफाइट समझा जाता था। 1803 की ग्रीष्म में टेनान्ट ने यह राय दी कि इस अवक्षेप में शायद एक नयी धातु उपस्थित है। उसी साल शरद में फ्रेंच रसायनज्ञ कोलेट-डेस्कोटिज भी इस निष्कर्ष पर पहुँचे कि अवक्षेप में एक धातु उपस्थित है जो अमोनियम प्लैटिनम लवणों से अवक्षेपित हुई है तथा जो लाल रंग देती है। अपनी ओर से वोक्लेन ने काले पाउडर को क्षार के साथ गर्म करके एक वाष्पशील ऑक्साइड प्राप्त किया। वोक्लेन को विश्वास था कि यह कोलेट-डेस्कोटिज द्वारा वर्णित धातु का ऑक्साइड था। टेनान्ट के प्रयोगों से कई वैज्ञानिकों को प्रेरणा मिली और वे धड़ाधड़ प्रयोग के पीछे प्रयोग करने लगे। टेनान्ट ने खुद भी अपने प्रयोग जारी रखे और 1804 की बसंत में उन्होंने ब्रिटिश रॉयल सोसाइटी को यह सूचना दी कि पाउडर में दो नयी धातुएँ उपस्थित थीं जिन्हें आसानी से एक-दूसरे से अलग किया जा सकता था। 1805 में उन्होंने एक लेख छपवाया जिसका शीर्षक था : ''प्लैटिनम के घुलने के बाद काले पाउडर में मिली दो धातुओं के बारे में।'' इस लेख में पहली बार 'ऑस्मियम' और 'इरीडियम' नामों की चर्चा की गयी।

ऊपर वर्णित काला पाउडर संभवतः ऑस्मियम तथा इरीडियम का प्राकृतिक ऐलाय अर्थात् ऑस्मिरीडियम था। इरीडियम रासायनिक प्रतिक्रियाओं के प्रति स्थायी रहता है तथा ठोस दशा में अम्लराज तक में नहीं घुलता। इसके विपरीत ऑस्मियम अति सरलता से अम्लराज में घुल जाता है तथा सभी प्लैटिनम धातुओं में इस धातु के गुण कुछ अलग तरह के होते हैं। इन खूबियों के कारण इरीडियम और ऑस्मियम बड़ी तेजी तथा सरलता से एक दूसरे से अलग कर दिए गए।

1817 में अंग्रेज रसायनज्ञ तथा खनिजविद् ब्रांडे ने प्लैटिनम धातुओं की खोज पर एक भाषण पढ़ा। उनके कथनानुसार अगर आधुनिक विश्लेषण की परिशुद्धता की दृष्टि से सारे रसायन का मूल्यांकन किया जाए तो प्लैटिनम धातुओं के तथा उनको अलग करने के इतिहास से ज्यादा आश्चर्यजनक इतिहास नहीं मिलेगा।

परंतु क्या सारी प्लैटिनम धातुएँ खोज ली गयी हैं? वैज्ञानिकों ने यह सवाल बार-बार उठाया। वर्ष बीतते गए, परंतु इस प्रश्न का कोई भरोसेदार उत्तर नहीं मिला। केवल 1844 में प्लैटिनम धातुओं की अंतिम धातु रूथीनियम की खोज हुई। यह धातु भी प्लैटिनम की तरह प्रकृति में विस्तृत है। सबसे भारी परमाणु भार वाली धातु प्लैटिनम सबसे पहले खोजी गयी तथा सबसे हलकी धातु रूथीनियम—सबसे बाद में। यह संयोग की बात ही थी कि प्लैटिनम धातुओं का अध्ययन बहुत ही

मुश्किल काम था तथा इसके लिए रसायन की गहरी जानकारी आवश्यक थी।

रूथीनियम

अन्य प्लैटिनम धातुओं की अपेक्षा रूथीनियम इतनी देर बाद क्यों खोजा गया? हालांकि यह तत्त्व हमेशा अपने भाइयों के साथ मिलता है तथा उन्हीं के बराबर विस्तृत है। इस प्रश्न का कोई विशेष उत्तर ढूँढ़ने के लिए दिमाग खपाने की जरूरत नहीं है। प्लैटिनम धातुओं के इतिहास के आरंभ में हम बता ही चुके हैं कि इन धातुओं की खोज कोई सरल काम नहीं था। उन्नीसवीं शताब्दी के आरंभ में खोज चार तत्त्वों-पैलेडियम, रोडियम, आस्मियम व इरीडियम की रासायनिक विशिष्टता पर वैज्ञानिकों को संदेह हो रहा था।

रूथीनियम के इतिहास की ये खोजें विशेष महत्त्व रखती हैं। रूथीनियम प्रथम रासायनिक तत्त्व था, जिसकी खोज किसी रूसी वैज्ञानिक ने की : कार्ल क्लाउस दूसरी यह कि रूथीनियम यूराली निक्षेपों के खनिजों में मिला था। (यूराली कच्चे प्लैटिनम में उपस्थित आस्मिरीडियम में 20% रूथीनियम होता है)।

यूराली प्लैटिनम की खोज के बाद रूस में सर्वप्रथम 1828 में देर्पूट यूनिवर्सिटी (आज इसे तारतू यूनिवर्सिटी कहते हैं) के एक प्रोफेसर ओजान ने इसका अध्ययन शुरू किया। कच्चे प्लैटिनम को अम्लराज में घोलने के बाद थोड़ा सा अवशेष बच गया। ओजान ने इसकी गठन ज्ञात करने का निश्चय किया। वैज्ञानिक ने कभी कल्पना भी नहीं की थी कि विश्लेषण से उन्हें इतने अद्वितीय परिणाम मिलेंगे : उनमें एक नहीं, दो नहीं बल्कि तीन नए रासायनिक तत्त्व मिले। वैज्ञानिक ने एक का नाम प्लूरान, दूसने का पोलीन और तीसरे का रूथीनियम रखा। इस प्रकार तत्त्व का जन्म बाद में हुआ और उसका नाम पहले ही रख दिया गया। रसायन के इतिहासकारों में इस बात पर बहस होने लगी कि ओजान द्वारा खोजे तीन तत्त्वों की वास्तविकता क्या है, रूथीनियम भी इस बहस का विषय था। एक निष्कर्ष सबसे ज्यादा यथार्थ लग रहा था, वह यह कि ये तत्त्व ज्ञात प्लैटिनम धातुओं के यौगिक या ऐलाय हो सकते थे। परंतु ओजान को खुद भी अपने परिणामों पर संदेह हो रहा था। उन्होंने अपने प्रयोगों के बारे में बेर्जेलियस को एक रिपोर्ट भेजी। बेर्जेलियस ने इन परिणामों की पुष्टि नहीं की और ओजान चुप करके बैठ गए। उन दिनों बेर्जेलियस का बहुत मान था तथा कोई भी उनकी बात काटने की हिम्मत नहीं रखता था। संभव है कि महान् स्वीडिश रसायनज्ञ के नकारात्मक उत्तर के कारण बाकी प्लैटिनम धातुओं के अध्ययन का काम केवल 1841 में फिर

से शुरू किया गया।

रसायन के इतिहासकार कभी-कभी पोलिश अनुसंधानकर्ता सन्यादेत्स्की को रूथीनियम का खोजी बताते हैं, जिन्होंने सन् 1803 में प्लैटिनम अयस्क में एक नया तत्त्व 'वेस्टियम' खोजा। उनके विचार से वेस्टियम वही तत्त्व था जिसकी बाद में क्लाउस ने 'रूथीनियम' के नाम से खोज की। परंतु अब यह स्थापित हो चुका है कि वेस्टियम की खोज एक झूठे तत्त्व की खोज थी।

क्लाउस ने 1840 में यूराली प्लैटिनम अयस्कों का अध्ययन शुरू किया, जब वे एक कुशल रसायनज्ञ के रूप में काफी प्रसिद्ध हो चुके थे। उन दिनों केन्क्रीन रूस के वित्त मंत्री थे। केन्क्रीन ने क्लाउस को अनुसंधान के लिए आवश्यक कच्चा माल दिलवा दिया। शीघ्र ही क्लाउस ने कच्चे प्लैटिनम से 2 पाउंड (1 पाउंड-409.5 ग्राम) अवशेष प्राप्त करके 10% प्लैटिनम तथा प्लैटिनम धातुएँ-इरीडियम, रोडियम, आस्मियम व पैलेडियम भी काफी मात्रा में अलग कर लीं, उन्होंने ये सारी धातुएँ काफी शुद्ध रूप में प्राप्त की थीं। विशेष बात यह थी कि सारे कार्यों के बाद क्लाउस को एक अज्ञात पदार्थ की कुछ मात्रा मिली जिसकी गठन से वैज्ञानिक अभी अपरिचित नहीं थे, परंतु उन्हें यह संदेह होने लगा कि इस पदार्थ में कोई नयी चीज उपस्थित हो सकती है।

क्लाउस ने ओजान के प्रयोग दोहराए, परंतु कोई खास परिणाम हाथ नहीं लगे। परंतु क्लाउस ने जब अपनी खुद की योजनानुसार काम शुरू किया, तो बात कुछ दूसरी नजर आयी। 1844 में उन्होंने 184 पृष्ठ की एक रिपोर्ट प्रकाशित करवायी जिसमें प्लैटिनम धातुओं के अनुसंधान के परिणामों का विस्तारपूर्वक वर्णन किया। इससे पहले किसी भी वैज्ञानिक ने ऐसी रिपोर्ट भी नहीं लिखी थी। इसे प्लैटिनम धातुओं के रसायन का विश्वकोश कहा जा सकता था।

क्लाउस ने इस बात की सूचना दी कि उन्हें प्लैटिनम परिवार के एक नए सदस्य-एक नए रासायनिक तत्त्व की खोज में सफलता मिल गयी है। वैज्ञानिक को इस तत्त्व की 6 ग्राम मात्रा प्राप्त हुई थी। इसके बाद ओजान की तरह क्लाउस ने भी इस खोज की खबर बेर्जेलियस को भेजीं स्वीडिश रसायनज्ञ ने इस बार भी असहमति प्रकट की, परंतु क्लाउस ने हिम्मत नहीं हारी और अपनी बात की सत्यता सिद्ध कर दी। 1845 में बेर्जेलियस ने भी नए तत्त्व को मान्यता दे दी।

पीटर्सबर्ग की विज्ञान अकादमी ने क्लाउस के परिणामों की सत्यता की जाँच करने के लिए विशेष समिति नियुक्त की। गेस्स व फ्रीत्स्शे इस समिति के सदस्य थे। इस समिति ने क्लाउस की खोज की पुष्टि कर दी जिसके फलस्वरूप वैज्ञानिक को

देमीदोव पुरस्कार से सम्मानित किया गया। उन दिनों रूस में वैज्ञानिकों के लिए यह सबसे बड़ा पुरस्कार था।

इस तत्त्व का नाम रूस के लातीनी नाम (रूथीनिया) से लिया गया है। वैज्ञानिक ने एक सच्चा देशभक्त होने के नाते तथा अपने देश के अन्य वैज्ञानिकों के कार्यों के सम्मान में इस तत्त्व को यह नाम दिया। क्लाउस ने कुल मिलाकर बीस साल तक प्लैटिनम धातुओं का अध्ययन किया। उन्हें रूस में प्लैटिनम के अध्ययन का आरंभकर्ता कहा जा सकता है।

हैलोजेन

हैलोजेनों के साथ मनुष्य का असली परिचय उन्नीसवीं शताब्दी में हुआ। हालांकि फ्लुओरीन तथा क्लोरीन अठारहवीं शताब्दी के सातवें दशक में खोजे जा चुके थे, परंतु इस घटना के केवल 40 साल बाद यह तथ्य पता चला कि क्लोरीन एक रासायनिक तत्त्व है। स्वतंत्र अवस्था में प्राप्त होने से पहले फ्लुओरीन तो पूरे सौ साल तक अपने यौगिकों के पीछे ही छिपा रहा जब कि आयोडिन तथ बोमीन शुरू से ही सरल तत्त्वों के रूप में ज्ञात थे।

हम देख रहे हैं कि इन तत्त्वों के इतिहास अलग-अलग हैं। परंतु विज्ञान में, विशेषतया रसायन में, इन तत्त्वों की समष्टि ने, जिसका 1811 में हैलाजेन नाम रखा गया, अतिमहत्त्वपूर्ण भूमिका निभायी।

फ्लुओरीन के अलावा बाकी सारे हैलोजेन रासायनिक विश्लेषण द्वारा प्राप्त किए गए स्वतंत्र फ्लुओरीन विद्युत् रासायनिक विधि द्वारा प्राप्त किया गया।

फ्लुओरीन

विख्यात सोवियत वैज्ञानिक अकादमीशियन फेर्समान ने इस तत्त्व को सर्वभक्षी की संज्ञा दी है। वास्तव में ऐसे बहुत थोड़े पदार्थ (प्राकृतिक या मनुष्य द्वारा निर्मित्त) हैं जो फ्लुओरीन के अपूर्व रासायनिक आक्रमण का मुकाबला करने की क्षमता रखते हैं। फ्लुओरीन का इतिहास इसी गुण पर आधारित है। स्वतंत्र अवस्था में प्राप्त की जाने वाली अधातुओं में कालक्रमानुसार फ्लुओरीन अंतिम स्थान पर है (निष्क्रिय गैसों के अतिरिक्त)। फ्लुओरीन के अस्तित्व की पूर्वसूचना के केवल सौ साल बाद वैज्ञानिक इस तत्त्व को गैस अवस्था में प्राप्त करने में सफल हुए। रसायनज्ञों ने 15 बार इसे प्राप्त करने की कोशिश की, परंतु हर बार उन्हें असफलता का मुख देखना पड़ा। कुछ वैज्ञानिकों को इस प्रयास में अपने

स्वास्थ्य से हाथ धोना पड़ा और कुछ की तो जान ही चली गयी।

फ्लुओरीन का एक प्राकृतिक यौगिक फ्लुओर-स्पार या फ्लुओराइट (CaF_2) प्राचीन काल से ज्ञात रहा है। इस अहानिकर खनिज का, जिसकी हर पत्थर-संग्रहकर्ता को जानकारी थी, प्रथम वर्णन 16वीं शताब्दी के दस्तावेजों में मिलता है। परंतु जैसे ही वैज्ञानिकों को हाइड्रोफ्लुओरिक अम्ल प्राप्त करने में सफलता मिल गयी, फ्लुओराइट के बारे में उन्हें अपनी धारणा बदलनी पड़ीं यह बताना मुश्किल है कि हाइड्रोफ्लुओरिक अम्ल को पहली बार किसने प्राप्त किया, परंतु इतना जरूर पता है कि 1670 में न्यूरेनबर्ग के एक कारीगर श्वानहार्ड ने काँच पर इस तत्त्व के आक्रमण के प्रभाव पर ध्यान दिया। श्वानहार्ड तथा उनके अनुयायियों का यह विचार था कि यह सिलिसिक अम्ल था जो काँच का निक्षारण कर जाता था, परंतु वास्तविकता में यह हाइड्रोफ्लुओरिक अम्ल था।

इस घटना के सौ साल बाद फ्लुओरिक शील के हाथ लगा। उन्होंने फ्लुओरिक की दो किस्मों (हरे तथा सफेद) का अध्ययन किया। वैज्ञानिक ने नमूनों के पाउडर को सल्फ्यूरिक अम्ल के साथ गर्म किया और यह देखा कि काँच के भभके की आंतरिक सतह अपारदर्शी हो गयी तथा भभके की तली में एक सफेद पदार्थ जमा हो गया। शील के कथनानुसार फ्लुओराइट में चूनामिट्टी के अलावा एक अज्ञात अम्ल उपस्थित था। उन्होंने इस अम्ल में चूने का पानी मिला कर कृत्रिम फ्लुआर-स्पार प्राप्त किया जो प्राकृतिक खनिज जैसा था।

जिस साल (1771) हाइड्रोप्लुओरिक अम्ल प्राप्त करने में सफलता मिली, उसे फ्लुओरीन की जन्मतिथि मान लिया गया, हालांकि यह बात न्यायसंगत नहीं है। शील द्वारा प्राप्त अम्ल (उन दिनों इसे 'स्वीडिश अम्ल' कहा गया) की प्रकृति अस्पष्ट बनी रही। शील की खोज के ऊपर वैज्ञानिकों में मतभेद था। परंतु इन सब बातों के बावजूद वक्त के साथ-साथ शील की बात की सच्चाई सामने आने लगी।

हाइड्रोफ्लुओरिक अम्ल की गिनती वर्गीकृत यौगिकों में की जाने लगी तथा वैज्ञानिक इस बात में विश्वास करने लगे कि इस अम्ल में एक नया रासायनिक तत्त्व उपस्थित है। लेवूजियो ने इस धारणा को और भी मजबूत कर दिया, जिन्होंने हाइड्रोफ्लुओरिक अम्ल के मूल (radical fluorique) को एक सरल पदार्थ के रूप में 'सरल पदार्थों की सारणी' में शामिल कर लिया। परंतु लेवूजियो भी गलती पर थे, वे यह समझ रहे थे कि अम्ल में ऑक्सीजन उपस्थित है। उनकी गलतफहमी स्वाभाविक थी क्योंकि उस वक्त रसायनज्ञ ऑक्सीजन को अम्लों का अनिवार्य

घटक मानते थे।

शील की विधि से जो हाइड्रोफ्लुओरिक अम्ल प्राप्त हुआ, उसकी शुद्धता उच्च होनी चाहिए थी, परंतु इस अम्ल में बहुत सारी अशुद्धियाँ मिली हुई थीं। केवल 1809 में गेई-लुजाक तथा थेनार्ड ने लेड से बने भभके में फ्लुओर-स्पार तथा सल्फ्यूरिक अम्ल को गर्म करके अपेक्षाकृत शुद्ध हाइड्रोफ्लुओरिक अम्ल प्राप्त किया। इस प्रयोग के दौरान दोनों वैज्ञानिकों को फ्लुओरिन के विष से बहुत ज्यादा हानि पहुँची।

एक वर्ष बाद फ्लुओरीन के प्रागैतिहास में एक अतिमहत्त्वपूर्ण घटना घटी। एक साथ दो वैज्ञानिकों-अंग्रेज डेवी तथा फ्रेंच ऐम्पियर ने हाइड्रोफ्लुओरिक अम्ल से ऑक्सीजन 'निर्वासित' कर दी। उन्होंने पूर्ण विश्वास के साथ निम्न घोषणा की : हाइड्रोफ्लुओरिक अम्ल HCl के सदृश है। इस घोषणा द्वारा डेवी ने हैलोजनों के मामले में दूसरी बार हस्तक्षेप किया (इससे कुछ अर्से पहले वे क्लोरीन की प्राथमिक प्रकृति सिद्ध कर चुके थे।)

ऊपर बताए तथ्य से स्पष्ट है कि डेवी ऐसे प्रथम व्यक्ति थे जिसने फ्लुओरीन को स्वतंत्र अवस्था में प्राप्त करने का प्रयास किया। ऐम्पियर ने इस तत्त्व का नाम 'फ्लुओरीन' रखा (यूनानी भाषा में 'फ्तोरोस' (ftoros) का अर्थ है 'विनाश' होता है)। उन्होंने हाइड्रोफ्लुओरिक अम्ल की आक्रमणकारी प्रकृति के कारण यह नाम चुना (किसी भी वैज्ञानिक का उस वक्त तक स्वतंत्र फ्लुओरीन के असली आक्रमणकारी स्वभाव से वास्ता नहीं पड़ा था)। परंतु डेवी ज्यादा शान्तिप्रिय मिजाज के थे। उन्होंने ऐम्पियर का प्रस्ताव ठुकरा दिया और क्लोरीन के उदाहरण पर इस तत्त्व का नाम 'फ्लुओरीन' रखा।

तत्त्व को नाम देने के बावजूद भी डेवी फ्लुओरीन को स्वतंत्र अवस्था में प्राप्त करने में असफल रहे। दो सालों तक लगातार (1813 व 1814) वैज्ञानिक इस कठिन समस्या का समाधान ढूँढ़ते रहे। उन्होने दो विधियाँ अपनायीं: पहली वैद्युत रासायनिक विधि, जिसने विश्व को सोडियम, पोटेशियम, कैल्सियम, तथा मैग्नीशियम दिए थे, दूसरी क्लोरीन की फ्लुओराइडों के साथ प्रतिक्रिया। हाइड्रोफ्लुओरिक अम्ल के विद्युत्-विश्लेषण से कुछ नहीं मिला और क्लोरीन की फ्लुओराइडों के साथ प्रतिक्रिया ने भी कोई परिणाम नहीं दिए। फ्लुओरीन युक्त यौगिकों के साथ काम करने के कारण डेवी बहुत बीमार हो गए। मजबूर होकर उन्हें अपना अनुसंधान कार्य बंद करना पड़ा, हालांकि वे प्रथम वैज्ञानिक थे, जिन्होंने फ्लुओरीन का परमाणु भार (19.06) ज्ञात किया। डेवी के प्रयोगों की

असफलता तथा उनकी बीमारी देखकर अगले लगभग 20 साल तक किसी ने भी स्वतंत्र फ्लुओरीन प्राप्त करने की कोशिश ही नहीं की। केवल डेवी के प्रिय शिष्य तथा सहायक फैराडे ने, जिनका विज्ञान में योगदान अपने गुरु से कम नहीं था, 1834 में (डेवी की मृत्यु के बाद) स्वतंत्र फ्लुओरीन की पहेली को हल करने की कोशिश की। परंतु शुष्क प्रगलित फ्लुओराइडों के विद्युत्-विश्लेषण से भी उन्हें कुछ हासिल नहीं हुआ।

असफलताओं का क्रम चलता रहा। 1836 में आयरलैंड के निवासी-नोक्स-बंधुओं ने इस समस्या का हल ढूँढ़ने का बीड़ा उठाया। 5 साल तक वे खतरनाक प्रयोग करते रहे परंतु कोई फायदा नहीं हुआ। दोनों भाइयों पर जहर का गहरा असर पड़ गया और शीघ्र ही इससे एक भाई की मृत्यु हो गयी। 1846 में बेल्जियमवासी लुइये तथा उनके पीछे फ्रेंच रसायनज्ञ निक्लेस का भी यही हाल हुआ। आखिर 1854-1856 में पेरिस के एक पॉलिटैक्निकल स्कूल के प्रोफेसर फ्रेमी को स्वतंत्र फ्लुओरीन को प्राप्त करने में सफलता मिल सी गयी। उन्होंने निर्जल प्रगलित CaF_2 का विद्युत् विश्लेषण द्वारा विखंडन करने में सफलता प्राप्त कर ली। धात्विक कैल्सियम कैथोड पर जमा हो गया जबकि ऐनोड से एक गैस निकली, जो फ्लुओरीन हो सकती थी। परंतु गैस के बुलबुलों का दिखाई देना काफी नहीं है, उन्हें इकट्ठा करना आवश्यक है। परंतु फ्रेमी से यह काम नहीं हो सका। हमारे विचार से फ्रेमी को फ्लुओरीन का सह-आविष्कारक कहलाने का पूरा अधिकार है क्योंकि उनकी भूमिका शील से कुछ कम नहीं है।

1869 में अंग्रेज रसायनज्ञ गोर को स्वतंत्र फ्लुओरीन की थोड़ी सी मात्रा प्राप्त हुई जिसने विस्फोट करते हुए तुरंत हाइड्रोजन के साथ प्रतिक्रिया कर दिया। ऐसे दस और अन्वेषक थे, जो स्वतंत्र फ्लुओरीन प्राप्त करने की आशा लगाए बैठे थे। इतिहास ने उनके नाम सुरक्षित रखे हैं

आखिर वह घड़ी आ गयी जब मोईसान ने फ्लुओरीन की किस्मत का जिम्मा अपने हाथ में ले लिया। सबसे पहले उन्होंने अपने पूर्वाधिकारियों की गलतियों पर ध्यान दिया। उनकी समझ में आ गया कि फैराडे, फ्रेमी तथा गोरे असफल रहे क्योंकि वे फ्लुओरीन के प्रकोप को शांत नहीं कर पाये जो तुरंत उपकरण के द्रव्य के साथ प्रतिक्रिया कर जाता था। मोईसान उन लोगों की गलती भी समझ गए जो फ्लुओराइडों पर क्लोरीन की प्रतिक्रिया द्वारा फ्लुओरीन प्राप्त करने की कोशिश कर रहे थे। क्लोरीन फ्लुओरीन के मुकाबले कमजोर उपचायक था।

मोईसान ने परेशानियों से बचने के लिए U-आकार बर्तन लिया। पहले उन्होंने प्लैटिनम का बना बर्तन चुना, परंतु बाद में उन्होंने ताम्र के बर्तन को प्राथमिकता दी क्योंकि उसके साथ बने कापर-फ्लुओराइड के साथ न तो फ्लुओरीन कोई प्रतिक्रिया करता है और न ही हाइड्रोजन फ्लुओराइड। इस प्रकार कापर-फ्लुओराइड की एक सतह बर्तन को नष्ट होने से बचाती थी। मोईसान ने इस बर्तन में निर्जल हाइड्रोफ्लुओरिक अम्ल भरकर उसमें थोड़ा सा पोटेशियम बायोफ्लुओराइड मिला दिया जिससे विलयन विद्युत्-चालकीय हो जाए। अब यह बर्तन −25°C तापक्रम पर स्थित एक शीतकारी मिश्रण में रख दिया गया। CaF_2से बने विशेष डाटों से होकर प्लैटिनम इलेक्ट्रोड घुसाए गए। विद्युत् विश्लेषण के परिणामस्वरूप कैथोडों से हाइड्रोजन निकलने लगा तथा ऐनोडों से–फ्लुओरीन। यह फ्लुओरीन ताम्र ट्यूबों में भर लिया गया।

26 जून 1886 के दिन मोईसान ने पहला सफल प्रयोग पूरा किया। उन्होंने सिलिकन के साथ फ्लुओरीन की प्रतिक्रिया से उत्पन्न ज्वाला का प्रेक्षण किया। उन्होंने पेरिस विज्ञान अकादमी को एक विनीत रिपोर्ट भेजी जिसमें उन्होंने यह लिखा कि उत्पन्न गैस की प्रकृति के बारे में विभिन्न परिकल्पनाएँ संभव हैं। सबसे साधारण परिकल्पना यह हो सकती है कि वास्तव में यह गैस फ्लुओरीन है हालांकि यह गैस हाइड्रोजन फ्लुओराइड का HF तथा ओजोन का मिश्रण भी हो सकती है। इस मिश्रण की प्रतिक्रिया बहुत उच्च है जो इस गैस की क्रिस्टलीय सिलिसिक अम्ल पर तीव्र प्रतिक्रिया की पुष्टि करती है।

चूंकि मोईसान अकादमी के सदस्य नहीं थे, उनकी रिपोर्ट डेब्रे नाम के एक वैज्ञानिक ने पढ़ी। अकादमी ने रिपोर्ट की पुष्टि करने के लिए एक विशेष समिति बनायी तथा डेब्रे, फ्रेमी और फ्रेंच रसायनज्ञों के 'बुजुर्ग' बर्थलोट को इस समिति का सदस्य चुना। पहले दिन मोईसान स्वतंत्र फ्लुओरीन प्राप्त करने में असफल रहे, परंतु अगले दिन उन्होंने समिति के सदस्यों के सामने यह काम करके दिखा दिया। इस प्रकार फ्लुओरीन की जीवनी में एक तिथि और आ गयी, जो शायद सबसे ज्यादा महत्त्व रखती है क्योंकि इस दिन (1886) यह तत्त्व स्वतंत्र अवस्था में प्राप्त किया गया। 1887 में मोईसान ने द्रव अवस्था में फ्लुओरीन प्राप्त किया।

क्लोरीन

प्राचीन काल में मनुष्य कई क्लोरीनयुक्त यौगिकों से परिचित था जैसे, खाने का नमक-सोडियम क्लोराइड (NaCl) अमोनियम क्लोराइड (NH_4Cl) आदि।

इसके बाद नमकाम्ल (HCl) से लोगों की जानकारी हुई, जिसका विभिन्न उपयोग शुरू हुआ। अनुसंधानकर्ताओं का अनगिनत क्लोरीन यौगिकों के साथ वास्ता जरूर पड़ा होगा तथा इस बात में कोई शक नहीं कि इन पदार्थों के साथ कामकाज के दौरान क्लोरीन कई बार जरूर प्राप्त हुई होगी। कई विख्यात वैज्ञानिकों, जैसे गलौबेर (गलौबेर लवण-सज्जी—के निर्माता) वान-हैल्मोन्ट तथा राबर्ट बॉयल आदि को इस तत्त्व का प्रेक्षण करने का मौका मिला। हालांकि इस अनजानी पीली-हरी गैस पर वैज्ञानिकों ने ध्यान जरूर दिया, पर उनमें से कोई भी इसकी प्रकृति शायद ही समझ पाया हो।

स्वीडिश रसायनज्ञ शील भी गलतफहमी के शिकार हो गए। उन्होंने स्कूली पाठ्यपुस्तक में लिखी विधि से क्लोरीन प्राप्त की, अर्थात् मैंगनीज डाइऑक्साइड पर हाइड्रोक्लोरिक अम्ल की प्रतिक्रिया द्वारा। शील ने पाइरोलुसाइट पाउडर अर्थात् प्राकृतिक मैंगनीज डाइऑक्साइड (MnO_2) लिया। यह कहना गलत होगा कि वैज्ञानिक ने संयोगवश यह विधि चुनी। शील जानते थे कि HCl और पाइरोलुसाइट की प्रतिक्रिया से एक अद्वितीय दहन वायु (गैस) (भावी हाइड्रोजन) प्राप्त होना चाहिए, जैसा कि अक्सर धातुओं के साथ अम्लों की प्रतिक्रिया से होता है (दे० पृष्ठ 57) इस बार भी उन्हें एक गैस जरूर मिली, परंतु इसमें और दहनशील गैस में जरा सी भी समानता नहीं थी। इसकी गंध बड़ी अप्रिय थी तथा रंग भी अप्रिय था—पीला-हरा। यह गैस कार्क खा जाती थी तथा फूलों और पत्तियों को रंगहीन कर देती थी। नयी गैस उत्तम रासायनिक अभिकर्मक सिद्ध हुई। यह कई धातुओं के साथ प्रतिक्रिया कर जाती थी तथा अमोनिया के साथ मिल कर एक गहरा धुआँ निकालती थी (अमोनियम क्लोराइड NH_4Cl)। यह जल में बहुत कम विलयशील थी। शील ने इस गैस के लिए शब्द ''एक नया रासायनिक तत्त्व'' नहीं इस्तेमाल किए हालांकि इसकी खोज उनकी मुट्ठी में थी तथा तर्कों के आधार पर इस गैस की प्राथमिक प्रकृति निश्चित की जा सकती थी। स्वीडिश रसायनज्ञ फ्लोजिस्टन सिद्धांत के पक्के अनुयायी थे। वे इस गैस को ऐसा नमकाम्ल समझते थे जिसने फ्लोजिस्टन खो दी हो। उन्होंने इसका नाम डिफ्लोजिस्टीकेटिड हाइड्रोक्लोरिक अम्ल या डिफ्लोजिस्टीकेटिड म्यूरिक अम्ल रखा (HCl को म्यूरिक अम्ल कहा जाता था—लातीनी शब्द 'म्यूरिआ' से जिसका अर्थ है—'लवण-जल')। उस वक्त शील केवेंडीश तथा अन्य वैज्ञानिकों की इस धारणा से सहमत थे कि दहनशील वायु (हाइड्रोजन) फ्लोजिस्टन है। इसका मतलब यह निकलता था कि नई गैस एक साधारण पदार्थ थी (नमक का अम्ल घटाकर फ्लोजिस्टन)। परंतु शील ने

ऐसा कोई निष्कर्ष नहीं निकाला। हालांकि नई गैस की खोज की तिथि 1774 मानी जाती है, परंतु इसकी प्रकृति समझने में वैज्ञानिकों को कई साल लग गए।

लेवूजियो ने फ्लोजिस्टन सिद्धांत का खंडन किया। उन्होंने 'डिफ्लोजिस्टीकेटिड म्यूरिक अम्ल' नाम का विरोध किया। लेवूजियो के विचारानुसार शील का अम्ल नमक के अम्ल तथा ऑक्सीजन का मिश्रण था। आज जिस तत्त्व को हम क्लोरीन के नाम से जानते हैं, लेवूजियो ने उसका नाम उपचयित म्यूरिक अम्ल रखा। फ्रेंच रसायनज्ञ का विश्वास था कि सभी अम्लों में ऑक्सीजन जरूर उपस्थित होता है जो किसी न किसी तत्त्व के साथ मिला होता है। लेवूजियो इस तत्त्व का नाम 'म्यूरियम' (murium) रखते हैं तथा इसे 'साधारण पदार्थों की सारणी' में जगह दे देते हैं (म्यूरियम मूल rapical muriatique)।

परिणाम विरोधाभासी निकला। लेवूजियो शील द्वारा ढूँढ़ी गैस की प्रकृति निश्चित करना चाहते थे, परंतु उन्होंने मामला और भी उलझा दिया। संभव है कि नयी सैद्धांतिक धारणाओं के दृष्टिकोण से क्लोरीन के इतिहास में यह घटना घटनी जरूरी थी। कुछ वैज्ञानिकों ने स्वतंत्र म्यूरियम प्राप्त करने की कोशिश की, परंतु वे असफल रहे और नयी गैस की प्रकृति अस्पष्ट बनी रही।

1807 में डेवी ने इस समस्या का हल ढूँढ़ना शुरू कर दिया। उन्होंने कुख्यात म्यूरिक अम्ल के साथ कई तरह के प्रयोग किए। डेवी ने इस अम्ल को विद्युत्-विश्लेषण द्वारा विखंडित करना चाहा, परंतु कोई फायदा नहीं हुआ। उनकी लाख कोशिशों के बावजूद भी म्यूरिक अम्ल में न तो जल प्राप्त हुआ और न ही ऑक्सीजन। अन्य शब्दों में, अम्ल ने ऐसा व्यवहार किया जैसे कि वह एक साधारण पदार्थ हो। परंतु इसके बावजूद जब भी वह धातुओं या उनके लवणों के साथ प्रतिक्रिया करता, साधारण लवण बन जाते थे। अब डेवी के पास और कोई रास्ता नहीं था। उन्हें यह मानना पड़ा कि ऑक्सीजन म्यूरिक अम्ल केवल एक साधारण पदार्थ से बना है अर्थात् उन्हें 30 साल पहले शील द्वारा आविष्कृत गैस की प्राथमिक प्रकृति को मान्यता देनी पड़ी। 19 नवंबर 1810 को उन्होंने ब्रिटिश रॉयल सोसाइटी की बैठक में इस बात की सूचना दी।

डेवी ने तत्त्व का नाम 'क्लोरीन' रखने का प्रस्ताव पेश किया। यूनानी भाषा में (cloros) 'क्लोरस' शब्द का अर्थ–'पीला-हरा' होता है। दो साल बाद 1812 में फ्रेंच रसायनज्ञ गे-लुजाक ने इसका नाम बदल कर 'क्लोर' (chlor) रख दिया (अंग्रेजी बोलने वाले देशों के अलावा बाकी सबने यह नाम स्वीकार कर लिया।

डेवी के साथ-साथ गे-लुजाक तथा थेनार्ड ने भी मिलकर अक्सीम्यूरिक अम्ल

का अध्ययन शुरू किया। वे दोनों वैज्ञानिक भी इसकी प्रकृति जानना चाहते थे। शुरू में इन लोगों ने भी इस अम्ल में ऑक्सीजन की उपस्थिति दिखानी चाही। इन्होंने अम्ल को लाल तप्त पोर्सिलेन ट्यूब के रास्ते चारकोल के ऊपर से गुजारा। अगर शील की गैस में ऑक्सीजन होता, तो चारकोल उसे अवश्य ही अवशोषित कर लेता। परंतु ऐसा कुछ नहीं हुआ। जो गैस ट्यूब में आती रही वही वैसी की वैसी बाहर निकल जाती। परंतु इस प्रयोग में लेवूजियो के पक्के अनुयायियों की ऑक्सीम्यूरिक अम्ल के बारे में राय नहीं बदली।

परंतु डेवी के प्रयोगों से तत्कालीन वैज्ञानिक बहुत ही ज्यादा प्रभावित हुए और उन्होंने यह मानना शुरू कर दिया कि म्यूरियम क्लोरीन था। 1813 में गे-लुजाक तथा थेनार्ड डेवी के साथ सहमति जताने लगे। केनल बेर्नेलियस काफी लंबे अर्से तक क्लोरीन की प्राथमिक प्रकृति पर संदेह करते रहे, परंतु आखिर में उन्हें भी सत्य स्वीकार करना पड़ा। आयोडीन तथा ब्रोमीन की खोज तथा अध्ययन के बाद क्लोरीन की प्राथमिक प्रकृति पर किसी को जरा भी संदेह नहीं रहा।

1811 में जर्मन रसायनज्ञ श्वेईगर ने क्लोरीन का नाम 'हैलोजेन' रखने का प्रस्ताव पेश किया (यूनानी शब्दों 'halo' 'gen' से, जिनका अर्थ है–'लवण' तथा 'उत्पन्न करता हूँ') क्योंकि यह तत्त्व क्षारीय धातुओं के साथ सरलता से मिल जाता है। क्लोरीन के लिए इस नाम को स्वीकार नहीं किया गया, परंतु आगे चलकर यह नाम इस ग्रुप के सारे तत्त्वों का सामान्य नाम पड़ गया : फ्लुओरीन, क्लोरीन, ब्रोमीन तथा आयोडीन का। 1823 में फैराडे को पहली बार द्रवित अवस्था में क्लोरीन प्राप्त हुई।

आयोडीन

स्वतंत्र अवस्था में प्राप्त होने वाला दूसरा हैलोजेन आयोडीन था। इस तत्त्व का रंग रूप तथा रासायनिक गुण कुछ विशेष प्रकार के थे। अगर यह अकेला हैलोजेन होता, तो रसायनज्ञों को इसकी प्रकृति समझने में बड़ी मुश्किलों का सामना करना पड़ता, परंतु प्राथमिक क्लोरीन का पता चल चुका था जिसकी वजह से आयोडीन की प्रकृति के अध्ययन में काफी मदद मिली।

फ्रांस के एक शहर डिजोन का एक ठेकेदार कुर्टुआ पोटाश तथा शोरे के उत्पादन का धंधा करता था। वह समुद्री शैवालों की भस्म कच्चे माल के रूप में इस्तेमाल करता था। भस्म पर जल की क्रिया से समुद्री शैवालों का मातृ विलयन प्राप्त होता था। आधुनिक विज्ञान ने सिद्ध कर दिया है कि इस भस्म पर जल की

क्रिया से समुद्री शैवालों का मातृ विलयन प्राप्त होता था। आधुनिक विज्ञान ने सिद्ध कर दिया है कि इस भस्म में कुछ क्षारीय तथा क्षारीय-मृदा धातुओं के क्लोराइड, ब्रोमाइड, आयोडाइड, कार्बोनेट तथा सल्फेट उपस्थित होते हैं। परंतु कुर्टुआ के जमाने में केवल इतना पता था कि इस भस्म में पोटेशियम तथा सोडियम यौगिकों के अलावा और कुछ नहीं होता (केवल क्लोराइड, कार्बोनेट तथा सल्फेट होते हैं)। वाष्पित करने पर सबसे पहले सोडियम क्लोराइड अवक्षेपित हो जाता था, फिर पोटेशियम क्लोराइड तथा सल्फेट। बाकी मातृ विलयन विभिन्न लवणों का मिश्रण होता था जिनमें सल्फरयुक्त लवण भी उपस्थित होते थे।

सल्फर यौगिकों का विखंडन करने के लिए कुर्टुआ ने विलयन में सल्फयूरिक अम्ल मिलाना शुरू कर दिया। एक दिन उसने गलती से आवश्यकता से अधिक अम्ल मिला दिया। बस तभी एक अप्रत्याशित घटना घटी; अचानक बैंगनी रंग के वाष्प के अतिसुंदर बादल चारों ओर छा गए। परंतु इस वाष्प की गंध इतनी ज्यादा अप्रिय थी कि इसकी खूबसूरती किसी काम की नहीं रही थी, यहाँ तक कि इस गंध से आँखों से आँसू निकल आए थे। इसके बाद और भी ज्यादा अजीब बात हुई : वाष्प ठंडी चीजों की सतह पर बैंगनी रंग की भारी बूँदों में संघनित न होकर गहरे रंग के धात्विक चमक वाले क्रिस्टलों में अवक्षेपित हो गयी। कुर्टुआ ने नए पदार्थ में और भी बहुत सारे रोचक तथा अद्वितीय गुण उपस्थित पाए। कुर्टुआ एक नए रासायनिक तत्त्व की खोज की घोषणा कर सकता था, परंतु उसे अपने प्रयोगों की सत्यता पर संदेह था। उसके पास अनुसंधान के पूरे साधन भी नहीं थे। उसने अपने दोस्तों से इस काम में मदद माँगी। उसने डेसोरमेस तथा क्लीमेन्ट की प्रयोगशालाओं में अपने प्रयोग जारी रखने की इच्छा प्रकट की। उसने इन वैज्ञानिकों से यह अनुरोध किया कि वे उसकी खोज की रिपोर्ट किसी वैज्ञानिक जर्नल में छपवा दें।

परंतु इन लोगों ने केवल दो साल बाद 1813 में इस काम को पूरा किया। एक फ्रेंच जर्नल "Annales de chime et de physique" में इन वैज्ञानिकों ने अपने नाम से एक रिपोर्ट छपवायी जिसका शीर्षक था : "कुर्टुआ द्वारा एक क्षारीय लवण में एक नए पदार्थ की खोज।" कुर्टुआ ने इस पदार्थ का एक नमूना (बहुत थोड़ी मात्रा) डिजोन की एक दवाइयों की फर्म को भेंट कर दिया ताकि अन्य वैज्ञानिक भी इसका अध्ययन कर सकें। क्लीमेन्ट ने खुद भी आयोडीन की कुछ मात्रा प्राप्त करके उसका अध्ययन किया। वे पहले वैज्ञानिक थे जिन्होंने यह विचार प्रकट किया कि यह तत्त्व क्लोरीन से मिलता जुलता है। 1813 में दो वैज्ञानिकों ने स्वतंत्र

रूप से आयोडीन की प्राथमिक प्रकृति के सबूत पेश किए—ये थे—गे-लुजाक तथा डेवी। फ्रेंच वैज्ञानिक ने इस तत्त्व का नाम आयोड (iode) रखने का प्रस्ताव पेश किया तथा अंग्रेज रसायनज्ञ ने आयोडीन (iodine)-(यूनानी शब्द "iodes" से जिसका अर्थ 'बैंगनी' है)।

आयोडीन रासायनिक तत्त्वों में उन गिने-चुने तत्त्वों की सूची में शामिल है जिनके गुणों के अध्ययन में बहुत थोड़ा वक्त लगा। गे-लुजाक ने इस काम में महत्त्वपूर्ण योगदान दिया। उन्होंने आयोडीन पर एक पुस्तक भी लिखी जो विज्ञान के इतिहास में किसी अकेले तत्त्व के बारे में पहली पुस्तक थी।

परंतु नयी पीढ़ी कुर्टुआ के योगदान को भूली नहीं। डिजोन में एक सड़क को उसका नाम दिया गया है। रासायनिक तत्त्वों के प्रथम खोजियों की सूची में केवल कुछ गिने-चुने लोगों को ही ऐसा सम्मान मिला है।

ब्रोमीन

प्रकृति में उपस्थित हैलोजेनों में विशिष्ट गुणों वाले इस तत्त्व की खोज सबसे आखिर में हुई (अगर हम यह स्वीकार करते हैं कि शील ने 1771 में फ्लुओरीन की खोज कर दी थी)।

1825 की शरद में हेइडेलबर्ग यूनिवर्सिटी में चिकित्सा तथा रसायन के प्रोफेसर ग्मेलिन की प्रयोगशाला में निम्न घटना घटी। लेविग नाम के एक विद्यार्थी ने अपने अध्यापक को मोटी दीवारों वाला एक फ्लास्क दिखाया जिसके अंदर बदबूदार लाल-भूरा रंग का एक द्रव भरा हुआ था। लेविग ने यह बताया कि उसने अपने जन्मस्थल क्रेजिनाज के एक प्राकृतिक झरने के पानी के अवयवानुपात का अध्ययन किया है। और यह देखा कि गैसीय क्लोरीन मातृ विलयन का रंग लाल-भूरा कर देती है। लेविग ने ईथर द्वारा वह पदार्थ अलग कर दिया। यह लाल-भूरे रंग का एक द्रव्य था जो आगे चलकर ब्रोमीन के नाम से जाना गया।

ग्मेलिन ने अपने विद्यार्थी के काम में काफी दिलचस्पी दिखायी और नए पदार्थ को अधिक मात्रा में प्राप्त करके ध्यान से उसका अध्ययन करने की सलाह दी। यह सलाह बहुत उचित थी क्योंकि लेविग को प्रयोगों का जरा भी अनुभव नहीं था। निस्संदेह, अनुसंधान के लिए वक्त की जरूरत थी और उसी ने हेइडेलबर्ग के इस विद्यार्थी का काम बिगाड़ दिया।

जिस वक्त लेविग लाल-भूरे द्रव की नयी खुराकें तैयार करने में व्यस्त था, एक फ्रेंच जर्नल "Annales de chimie et de physique" में एक बड़ा लेख छपा,

जिसका शीर्षक निम्न था : "समुद्री जल में उपस्थित एक विशिष्ट पदार्थ का विवरण।" इसके लेखक का नाम बालार्ड था। वह फ्रांस के एक शहर मोन्टेपेलिअर के औषधीय स्कूल की प्रयोगशाला में सहायक के पद पर काम करते थे। उनके 'विशिष्ट पदार्थ' के गुण लेविग द्वारा प्राप्त लाल-भूरे द्रव के गुणों से बहुत मिलते थे। बालार्ड ने यह लिखा कि उन्होंने सन् 1824 में लवण कच्छों के प्ररोहण का अध्ययन शुरू किया। उन्होंने विभिन्न रासायनिक अभिकर्मकों की सहायता से कच्छ घासों से उपयोगी पदार्थ प्राप्त करने के प्रयास किए। उन्होंने एक मातृ-विलयन तैयार किया जो किसी अभिकर्मक जैसे क्लोरीन, की प्रतिक्रिया से भूरे रंग में परिवर्तित हो गया। इसके बाद बालार्ड ने समुद्री शैवाल की भस्म से प्राप्त एक क्षारीय विलयन का अध्ययन शुरू किया। जैसे ही उन्होंने इस विलयन में स्टार्च तथा क्लोरीन जल मिलाया, विलयन में दो द्रवों की परतें दिखायी देने लगीं। निचली परत का रंग नीला था जबकि ऊपरी परत में आयोडीन उपस्थित था जिसने स्टार्च को नीले रंग में परिवर्तित कर दिया था। ऊपरी परत में क्या था? शुरू में बालार्ड ने यह कहा कि ऊपरी परत में क्लोरीन तथा आयोडीन का एक यौगिक उपस्थित है। उन्होंने इस यौगिक को पृथक् करने की कोशिश की, परंतु सफलता नहीं मिली। इसके बाद ही मोन्टेपेलिअर के इस प्रयोगशाला के सहायक ने यह सोचने की हिम्मत की कि लाल-भूरा रंग अभी तक किसी अज्ञात रासायनिक तत्त्व की देन थी। बालार्ड ने इस परिकल्पना के आधार पर लाल-भूरे रंग का द्रव प्राप्त किया, जिसे कुछ महीने पहले एक साधारण विद्यार्थी (जो आगे चलकर अकादमीशियन बना तथा सोरबोन में प्रोफेसर के पद पर नियुक्त किया गया) लेविग ने प्राप्त किया था।

बालार्ड ने नए तत्त्व को बड़ा नीरस सा नाम दिया—'म्यूराइड' (लातीनी शब्द 'म्यूरिआ' से जिसका अर्थ 'लवण जल' या 'खारा पानी' होता है)। वे इस तत्त्व की प्रकृति भी उतनी ही नीरस मानते थे। वे इसे भी मर्करी की तरह साधारण तापमान पर द्रव्य अवस्था में रहने वाला एकमात्र अधातु समझते थे।

निस्संदेह वैज्ञानिकों ने बालार्ड के लेख पर ध्यान दिया, परंतु उनके दोस्तों ने उन्हें सलाह दी कि वे इस खोज की सूचना पेरिस विज्ञान अकादमी को दें। उनका परामर्श मानकर बालार्ड ने 30 नवंबर 1825 को एक रिपोर्ट भेजी जिसका शीर्षक निम्न था—"समुद्री जल में उपस्थित एक विशेष पदार्थ का विवरण।" इस रिपोर्ट का सार यह था कि म्यूराइड की क्लोरीन तथा आयोडीन के बीच समानता है। अकादमी के सदस्यों को इस तरह की रिपोर्ट अक्सर मिलती रहती थीं। उन्होंने

उसकी सत्यता की जाँच के लिए एक समिति बनायी। गे-लुजाक, वोक्लेन तथा थेनार्ड इस समिति के सदस्य थे। उन्होंने बालार्ड के परिणामों की पुष्टि कर दी, परंतु उन्हें बालार्ड का दिया नाम पसंद नहीं था। समिति ने इस तत्त्व का नाम 'ब्रोमीन' (यूनानी शब्द 'ब्रो-मोस' (बदबूदार) के आधार पर) रख दिया।

14 अगस्त 1826 के दिन समिति ने अपना फैसला सुनाया : ब्रोमीन की खोज रसायन के लिए बहुत महत्त्व रखती थी।

हाँ, एक वैज्ञानिक ऐसा भी था जिसे बालार्ड द्वारा नए तत्त्व की खोज की खबर सुनकर जलन हुई। इस व्यक्ति का नाम लिबिख था। कुछ साल पहले एक जर्मन फर्म ने उन्हें द्रव से भरी एक बोतल भेजी थी ताकि वे इसके गठन की जाँच करें। लिबिख ने इस द्रव का ध्यानपूर्वक अध्ययन किए बिना ही जल्दबाजी में इसे आयोडीन तथा क्लोरीन का मिश्रण घोषित कर दिया। परंतु जैसे ही उन्हें बालार्ड की खोज की खबर मिली, उन्होंने तुरंत बोतल में बचे बाकी द्रव को विश्लेषण करके देखा। यह द्रव ब्रोमीन ही था। उनके समकालीनों का कहना है कि गुस्से में उन्होंने ये शब्द कहे "बालार्ड ने ब्रोमीन की खोज नहीं की है, ब्रोमीन ने बालार्ड को खोजा है।"

रसायन के विकास में हैलोजेनों का महत्त्व

जैसे-जैसे परमाणु द्रव्यमानों (भारों) का निर्धारण काफी हद तक परिशुद्ध होता गया, वैसे-वैसे तत्त्वों को उनके परमाणु भारों की वृद्धि के अनुसार क्रमबद्ध करना संभव होता गया। इसका लाभ यह हुआ कि हलके तत्त्वों से भारी तत्त्वों की ओर संक्रमण के परिणामस्वरूप उनके रासायनिक गुणों के परिवर्तनों की विशेषताएँ सामने आयीं—यह बात आवर्त नियम की खोज का एक आधार सिद्ध हुई। इसके अलावा रासायनिक रूप में समान तत्त्वों के प्राकृतिक ग्रुपों के बारे में धारणा बन गयी। क्लोरीन, ब्रोमीन तथा आयोडीन का त्रिक ऐसा पहला ग्रुप था। जर्मन वैज्ञानिक डोबेरेइनर ने इस ग्रुप का ध्यानपूर्वक अध्ययन किया। उन्हें मेंडेलीफ का एक पूर्वाधिकारी माना जा सकता है। इस त्रिक की सहायता से एक रोचक नियम संगति सामने आयीः मध्य तत्त्व का परमाणु भार पहले और तीसरे तत्त्वों के परमाणु भारों के आधे योग के बराबर होता है। यह बात अन्य त्रिकों (प्राकृतिक ग्रुपों) में भी पायी गयी। इस प्रकार हैलोजेनों (क्लोरीन, ब्रोमीन तथा आयोडीन) ने भावी आवर्त नियम के निर्माण में नींव की ईंटों का काम किया।

अम्लों के गुणों तथा उनके गठन के अध्ययन में इन तत्त्वों ने अमूल्य योगदान दिया है। आरंभ में क्लोरीन की खोज में इस धारणा का समर्थन किया

कि सभी अम्लों में ऑक्सीजन जरूर उपस्थित होता है, परंतु आगे चलकर क्लोरीन पहला तत्त्व साबित हुआ जिसके लिए दोनों ऑक्सीजन युक्त तथा ऑक्सीजन रहित (हाइड्रोक्लोरिक) अम्ल प्राप्त किए गए। वैज्ञानिकों ने हैलोजेनों के ऑक्सीजनयुक्त अम्लों के अध्ययन से अम्लों की शक्ति तथा विघटन-क्षमता के बारे में अपनी धारणाएँ विकसित कीं। हाइड्रोहेलिक रसायन पर क्लोरीन, ब्रोमीन तथा आयोडीन के प्रभावों की सूची यहीं समाप्त नहीं हो जाती।

प्रायोगिक रसायन में भी हमें ऐसा कुछ देखने को मिलता है। हैलोजन-व्युत्पादी हाइड्रोकार्बन कई कार्बनिक यौगिकों की प्राप्ति में महत्त्वपूर्ण मध्यस्थ उत्पाद सिद्ध होते हैं। इस तथ्य से उन्नीसवीं शताब्दी में कार्बनिक विश्लेषण के विकास में बड़ी तेजी आयी। क्लोरीनीकरण विधि खनिजों तथा अयस्कों से विभिन्न कीमती धातुएँ प्राप्त करने के लिए अक्सर काम में लायी जाती है। आयोडाइडों का प्रयोग अतिशुद्ध धातुओं की प्राप्ति में उपयुक्त है। आज फ्लुओरीन का रसायन विज्ञान का एक स्वतंत्र विषय बन गया है।

बोरॉन

मध्ययुग में लोग बोरॉन के एक यौगिक बोरेक्स (सुहागा) से परिचित थे और इसका विस्तृत प्रयोग करते थे। इस बात के कई लिखित प्रमाण मिले हैं परंतु बोरेक्स शायद इससे पहले भी ज्ञात था। ऐसे प्रमाण मिले हैं जो यह बताते हैं कि? ईसा की प्रथम शताब्दी में धातुओं की सोल्डरिंग में इसका प्रयोग प्रचलित था। परंतु प्राकृतिक बोरेक्स का गठन बहत लंबे अर्से तक अस्पष्ट रहा। बोरेक्स के बाद बोरिक अम्ल का अध्ययन आरंभ हुआ। डच भौतिकविद् होम्बर्ग ने 1702 में बोरेक्स को सल्फ्यूरिक अम्ल के साथ गर्म करके पहली बार बोरिक अम्ल प्राप्त किया। यह चिकित्सा में 'होम्बर्ग का शांतिदायक लवण' नाम से प्रयुक्त किया जाने लगा। 1767 में फ्रेंच रसायनज्ञ बैरन ने बोरेक्स का गठन जानने का पहला प्रयास किया। उन्होंने इस ज्ञात पदार्थ में होम्बर्ग-लवण तथा सोडा उपस्थित पाए। उनकी बात बिल्कुल ठीक थी क्योंकि अब हम जानते हैं कि बोरेक्स बोरिक अम्ल का सोडियम लवण होता है ($Na_2B_4O_7$)।

बोरॉन का आरंभिक इतिहास स्वीडिश रसायनज्ञ बर्गमान के साथ संबंधित रहा है। उनके कथनानुसार होम्बर्ग लवण एक लवण नहीं, बल्कि एक यौगिक था जो अम्ल से मिलता जुलता था। सच बात तो यह है कि उन्होंने ही इसका नाम 'बोरिक अम्ल' रखा। लेवूजियो ने अपनी 'साधारण पिंडों की सारणी' में 'बोरिक

मूल' शब्द का प्रयोग किया था। उनका अभिप्राय बोरॉन ऑक्साइड से था। परंतु एक रासायनिक तत्त्व के रूप में बोरॉन की खोज में 20 साल और लग गए।

बोरॉन की खोज कई वैज्ञानिकों ने की : फ्रेंच रसायनज्ञ थेनार्ड तथा गे-लुजाक और अंग्रेज रसायनज्ञ डेवी ने। इन लोगों ने इस नए तत्त्व का नाम 'बोरॉन' तथा 'बोरेसियम ('बारेक्स' शब्द के आधार पर) रखा। विशेष बात यह थी कि दोनों अवसरों पर नए तत्त्व को प्राप्त करने की विधि एक जैसी थी : बोरिक अम्ल के धात्विक पोटेशियम द्वारा अपचयन। रसायन के इतिहास की यह शायद अकेली मिसाल है जब दस दिनों के अंदर कई अनुसंधानकर्ताओं ने स्वतंत्र रूप से एक नए रासायनिक तत्त्व की खोज कर डाली। गे-लुजाक तथा थेनार्ड ने इस तत्त्व की खोज की घोषणा 21 जून 1808 को की जबकि डेवी ने 9 दिन बाद 30 जून 1808 को। स्पष्ट है कि फ्रेंच रसायनज्ञों की प्रथमता नगण्य थी क्योंकि स्वतंत्र बोरॉन प्राप्त करने में उन्होंने डेवी की पिछली खोज (प्राथमिक पोटेशियम की प्राप्ति) का सहारा लिया था।

कैडमियम

सन् 1817 में गोटिन्गन यूनिवर्सिटी के प्राध्यापक तथा हनोवर शहर के दवाखानों के मुख्य निरीक्षक स्ट्रोमेयर ने यह देखा कि जिंक कार्बोनेट के परितापन से एक पीला द्रव्य प्राप्त होता था हालांकि इसके अंदर उन्हें न लोहे के और न ही लेड के निशान मिले।

इस अजीब बात से स्ट्रोमेयर की दिलचस्पी बढ़ गयी और उन्होंने साल्जगिटर जाकर दवाइयों की एक फर्म में अपने प्रयोग को दोहराया। इस बार भी वही परिणाम मिला। अब वैज्ञानिक ने जिंक ऑक्साइड का और भी बारीकी से अध्ययन करने का फैसला किया। स्ट्रोमेयर इस निष्कर्ष पर पहुँचे कि जिंक ऑक्साइड का रंग एक अज्ञात धात्विक ऑक्साइड से बनता था जो इससे पहले कभी नहीं मिला था। रसायनज्ञ ने इस ऑक्साइड को जिंक ऑक्साइड से पृथक् करके धातु के रूप में अपचयित करने में सफलता प्राप्त कर ली।

स्ट्रोमेयर ने निम्न विधि अपनायी : उन्होंने संदूषित जिंक ऑक्साइड को सल्फ्यूरिक अम्ल में घोल कर विलयन में हाइड्रोजन सल्फाइड प्रवाहित की। इसके बाद उन्होंने सल्फाइडों के मिश्रण को छानकर धो दिया। फिर इसे सांद्रित नमक के अम्ल में घोल दिया। इस विलयन को वाष्पित कर सुखा लिया। स्ट्रोमेयर ने अवक्षेप को जल में घोलकर उसमें अमोनियम कार्बोनेट काफी मात्रा में मिला

दिया। चूँकि नई धातु का कार्बोनेट अमोनियम कार्बोनेट की उपस्थिति की वजह से विलयन में नहीं घुला, स्ट्रोमेयर ने अवक्षेप छान लिया और धोकर ऑक्साइड में परिवर्तित कर लिया। इस ऑक्साइड को उन्होंने चारकोल के साथ गर्म करके धातु में अपचयित कर दिया। परंतु स्ट्रोमेयर को इस धातु की केवल 3 ग्राम मात्रा प्राप्त हुई जिसकी वजह से वह इसके गुणों का अच्छी तरह से अध्ययन नहीं कर पाए। केवल 1818 में वे नई धातु का पूर्ण अध्ययन करने में सफल हुए।

स्ट्रोमेयर ने इस धातु को प्राप्त करने की विधि—$ZnCO_3$ के परितापन के आधार पर इसका नाम कैडमिया रखा। यूनानी भाषा में प्राकृतिक $ZnCO_3$ को 'कैडमिया' कहते हैं। स्ट्रोमेयर से अलग, परंतु कुछ अर्से बाद जर्मनी में दो अन्य वैज्ञानिकों मैसनर तथा कर्स्टन ने भी कैडमियम की खोज कर दी। कैडमियम की खोज में जर्मन चिकित्सक रोलोफ भी प्राथमिकता पाने के अधिकारी थे। रोलोफ प्रथम व्यक्ति थे जिन्होंने गर्म करने पर जिंक ऑक्साइड के अजीब व्यवहार पर ध्यान दिया था। कर्स्टन ने नई धातु का नाम 'मेलीनियम' रखने का प्रस्ताव पेश किया क्योंकि इसके सल्फाइड का रंग पीला था। नई धातु का नाम 'क्लाप्रोतियम' (क्लाप्रोत के सम्मान में) या 'यूनोनियम' (क्षुद्रग्रह के नाम पर) भी सुझाया गया, परंतु इन नामों को मान्यता नहीं दी गयी।

लीथियम

कुछ रासायनिक तत्त्वों की खोजें अप्रत्यक्ष रूप से ऐसे लोगों के नामों के साथ संबंधित हैं जिनका उनकी खोजों के साथ कभी कोई वास्ता नहीं था। परंतु इस कार्य में जो भूमिका इन लोगों ने निभायी, उसका अपना अलग महत्त्व था।

हमारी इस कथा का नायक ऐसे तत्त्वों की सूची में शामिल है। यह पृथ्वी पर सबसे हलकी धातु है तथा प्रकृति में मिली क्षारीय धातुओं में इसका तीसरा स्थान है—पोटेशियम और सोडियम के बाद। परंतु पृथ्वी पर पोटेशियम और सोडियम के मुकाबले इसकी मात्रा काफी कम है तथा इसके खनिज इतने कम है कि उँगलियों पर गिन सकते हैं। इसी कारण मानव का लीथियम के साथ काफी देर से परिचय हुआ।

लीथियम की खोज का इतिहास, प्रसिद्ध ब्राजीली वैज्ञानिक तथा राजनैतिक आन्द्रादा ए सिल्वा द्वारा, इस तत्त्व के खनिजों की खोज के साथ संबंधित है। सिल्वा को खनिजों के अध्ययन का बहुत शौक था। अठारहवीं शताब्दी के अंत में वे स्केण्डिनेवियन देशों की यात्रा कर रहे थे। इस यात्रा के दौरान वे स्वीडन की कुछ

खानें देखने गए। ऊटों नामक एक खान में सिल्वा को दो अज्ञात खनिज मिले। उन्होंने एक रासायनिक पत्रिका में इन खनिजों का वर्णन पेटेलाइट तथा स्पाडुमीन नामों से किया। 1800 में छपे उनके लेख में स्पॉडुमीन और पेटेलाइट को दुर्गलनीय खनिज बताया गया, जो नाइट्रिक अम्ल में मंद गति से घुल जाते हैं, परंतु इन खनिजों की रासायनिक गठन के बारे में एक भी शब्द नहीं कहा गया है।

विख्यात खनिजविद् गायूड ने इस लेख को पढ़ा। उन्होंने वोक्लेन को स्पॉडुमीन तथा पेटेलाइट का रसायानिक विश्लेषण करने की सलाह दी, परंतु वोक्लेन ने केवल प्रथम खनिज का अध्ययन किया। उन्हें खनिज में मुख्यतः ऐलुमिना तथा सिलिका मिले, परंतु इनके अलावा 9% क्षार भी प्राप्त हुए, जिन्हें वोक्लेन ने पोटेशियम क्षार बताया।

उन्हीं दिनों एक जर्मन खनिजविद् फोन फूक्स ने भी स्पॉडुमीन में रुचि लेनी शुरू कर दी। उन्होंने यह देखा कि खनिज का पिंच ज्वाला को अतितीव्र लाल रंग प्रदान करता है, परंतु उन्होंने इसका कारण जानने का कोई प्रयास नहीं किया। आगे चलकर उन्हें इस लापरवाही पर बड़ा अफसोस हुआ।

बेर्जेलियस तथा हिजिंगेर ने भी स्पॉडुमीन का अध्ययन किया, परंतु उनके हाथ कुछ नहीं लगा।

इस दौरान रसायनज्ञ लोग पेटेलाइट की खोज की बात भूल गए थे। सिल्वा ने इस खनिज का वर्णन इतना संक्षिप्त किया था कि वैज्ञानिकों को उनके कथन पर विश्वास नहीं हुआ। परंतु 1817 में यह खनिज दूसरी बार उसी जगह ऊटो में मिला और इसी साल इसका नमूना वोक्लेन को उपलब्ध हो गया। इस खनिज की गठन स्पॉडुमीन से जरा भी भिन्न नहीं थी : वोक्लेन ने अपनी बात फिर दोहरायी—उनके कथनानुसार इस खनिज में पोटेशियम लवण उपस्थित था।

उन्हीं दिनों एक युवा रसायनज्ञ ऑर्फवेडसन को बेर्जेलियस की प्रयोगशाला में काम पर रखा गया था। आर्फवेडसन की उम्र 15 साल थी। बेर्जेलियस ने उन्हें पेटेलाइट के विश्लेषण का काम सौंपा। यह 1817 की शरद् की बात थी।

आर्फवेडसन ने पेटेलाइट से सिलिका, फिर ऐलुमिना और फिर कैल्सियम की थोड़ी सी मात्रा प्राप्त की। उन्होंने प्राप्त पदार्थों का अतिध्यानपूर्वक वजन किया और इन गणनाओं का योग किया। उन्होंने इसमें पूरे 4% की कमी पायी। वोक्लेन को इससे भी ज्यादा कमी मिली थी, परंतु उन्होंने इसे पोटेशियम क्षार बताया था।

ऑर्फवेडसन इस बात को मानने के लिए तैयार नहीं थे। उन्होंने विश्लेषण के लिए एक अन्य विधि अपनायी। परिणामस्वरूप उन्हें एक तत्त्व का सल्फ्यूरिक

लवण प्राप्त हुआ, जिसमें क्षारीय गुण उपस्थित थे। परंतु यह तत्त्व न तो पोटेशियम हो सकता था और न ही सोडियम। वैज्ञानिक इस निष्कर्ष पर पहुँचे कि पेटेलाइट में एक अज्ञात क्षारीय धातु उपस्थिल थी। यह जनवरी 1818 की बात है। इसी कारण लीथियम की खोज की तिथि 1818 माननी चाहिए। हम नहीं जानते कि हर जगह इसकी जन्मतिथि 1817 क्यों लिखी जाती है? बेर्जेलियस ने अपने युवा सहायक के प्रयोगों की सराहना कीः 9 फरवरी 1817 को बेर्जेलियस ने बेरटोले को एक पत्र लिखा जिसमें निम्न शब्द कहे गए थे : ''प्रतिभाशाली रसायनज्ञ आर्फवेडसन ने एक नया क्षार खोजा है।..., उन्हें यह क्षार पेटेलाइट नामक खनिज में मिला है। खनिज में 80% सिलिका, 17% ऐलुमिनियम ऑक्साइड तथा 3% नया क्षार उपस्थित है। अन्य क्षारों के मुकाबले इस क्षार में अम्लों को संतृप्त करने की क्षमता बहुत अधिक है तथा यही वह गुण है जिसके कारण इसकी खोज संभव हुई।''

ऑर्फवेडसन ने अपने गुरु से नए तत्त्व के नाम के बारे में सलाह माँगीं बेर्जेलियस ने बेरटोले को लिखा कि नए तत्त्व का नाम 'लीथियोन' (यूनानी शब्द 'लीथियोस' से, जिसका अर्थ 'पत्थर' होता है) रखा गया है। बेर्जेलियस के विचारानुसार यह नाम इस बात का प्रतीक है कि यह क्षार खनिजों की दुनिया में खोजा गया था जबकि दूसरे दो क्षार पोटेशियम व सोडियम वनस्पति जगत् में मिले थे।

ऑर्फवेडसन ने थोड़े अर्से में ही लीथियम के सारे महत्त्वपूर्ण गुणों का अध्ययन कर लिया। उन्होंने लीथियम क्लोराइड को वैद्युत धारा द्वारा विभाजित करके नए तत्त्व को धातु के रूप में प्राप्त करने का प्रयास किया, परंतु बेर्जेलियस की प्रयोगशाला की गैल्वेनी बैटरी इतनी शक्तिशाली नहीं थीं। लीथियम ऑक्साइड को लोहे या कोयले द्वारा गर्म करने से भी धात्विक लीथियम नहीं मिला। धात्विक लीथियम प्राप्त करने का काम डेवी ने पूरा किया, जिन्हें क्षारीय धातुओं तथा क्षारीय मृदा धातुओं की प्राप्ति के काम का पर्याप्त अनुभव था तथा जिसके पास शक्तिशाली बैटरी भी थी।

उसी वर्ष ऑर्फवेडसन ने स्पाडुमीन तथा उन्हीं दिनों मिले तीसरे लीथियम खनिज लेपिडोलाइट (ऊटो में ही) में लीथियम ढूँढ़ लिया। इन खनिजों में पेटेलाइट के मुकाबले लीथियम की मात्रा कहीं अधिक थी (क्रमशः 8 व 4% लीथियम हाइड्रोक्साइड)।

संक्षेप में यह कहा जा सकता है कि ऐतिहासिक दृष्टि से लीथियम की

किस्मत अच्छी निकली। ऑर्फवेडसन ने इसे एक साथ कई खनिजों में खोज लिया तथा उसी वक्त अन्य वैज्ञानिकों ने इसकी पुष्टि कर दी और उसी साल तत्त्व स्वतंत्र रूप से प्राप्त कर लिया गया। उसी 1818 में ग्मेलीन ने यह देखा कि लीथियम के लवण बर्नर की ज्वाला को गहरा लाल रंग प्रदान करते हैं। उसे इस सुंदर नजारे को देखने में बड़ा मजा आ रहा था और फोन फूक्स को बड़ी खीज हो रही थी।

सिलीनियम

सिलीनियम की गिनती उन तत्त्वों में की जाती है जिनके साथ वैज्ञानिकों का उनकी खोज से पहले भी वास्ता पड़ा, परंतु समान गुणों वाले अन्य तत्त्वों के पीछे छिपे होने के कारण (सल्फर और टैल्यूरियम) वैज्ञानिक उनकी पहचान न कर सके, सिलीनियम वैज्ञानिकों की निगाह से बचा रहा। केवल 1817 में इस तत्त्व ने दो स्वीडिश रसायनज्ञों बेर्जेलियस तथा गाहन के सामने हाथ उठा दिए। 23 सितंबर के दिन ग्रीप्सहोल्म के कारखाने में सल्फ्यूरिक अम्ल के उत्पादन का निरीक्षण करते समय उन्हें इसमें टैल्यूरियम की थोड़ी सी मात्रा मिली। बेर्जेलियस ने इसके बाद की घटना का वर्णन निम्न प्रकार से किया : उन्होंने गाहन के सहयोग से ग्रीप्सहोल्म में अपनायी जा रही सल्फ्यूरिक अम्ल के उत्पादन की विधि का अध्ययन किया। उन्हें सल्फ्यूरिक अम्ल में एक अवक्षेप मिला जिसका कुछ हिस्सा लाल रंग का था और कुछ हलके भूरे रंग का। फुँकनी की ज्वाला में गर्म करने पर इस अवक्षेप से मूली की खुशबू निकलने लगी और वह लेड जैसी चमक वाली एक धातु में परिवर्तित हो गया। क्लाप्रोत के विचारानुसार मूली की गंध टैल्यूरियम की उपस्थिति का संकेत करती थी। गाहन ने फालुन की खानों के पाइराइट में भी ऐसी ही गंध उपस्थित पायी। बेर्जेलियस को अपने अवक्षेप में एक विरल धातु मिलने की आशा थी। उन्होंने इस भूरे अवक्षेप का अध्ययन शुरू कर दया, परंतु उन्हें उसमें टैल्यूरियम नहीं मिला। तब उन्होंने सल्फ्यूरिक अम्ल प्लांट में फालुन खान में मिले सल्फर के दहन के बाद कई महीनों के दौरान बचे सारे माल को इकट्ठा करके अवक्षेप की काफी मात्रा प्राप्त कर ली और उसका अति ध्यानपूर्वक अध्ययन शुरू कर दिया। बेर्जेलियस इस निष्कर्ष पर पहुँचे कि अवक्षेप में एक अज्ञात धातु उपस्थित थी जिसके गुण टैल्यूरियम से मिलते थे। इस सादृश्य के कारण नयी धातु का नाम 'सीलिनियम' (यूनानी शब्द 'सेलेनुस'–'चंद्रमा') रखा गया, क्योंकि टैल्यूरियम का नाम ग्रह के नाम पर रखा गया था। बेर्जेलियस ने सिलीनियम के कई गुणों का अध्ययन किया और 1818

में जर्नल "Annales de chimie et de physique" में एक लेख छपवाया, जिसका शीर्षक निम्न था : ''फालुन में निकाले सल्फर में प्राप्त एक नए खनिज पिंड का अध्ययन।''

सिलिकन

यह रासायनिक तत्त्व असंख्य खनिजों, अयस्कों तथा भू-पर्पटी का मुख्य अवयव है। इसका लातीनी नाम 'सिलिसियम' 'सिलेक्स', शब्द से लिया गया है जिसका अर्थ 'कठोर पत्थर' होता है। भू-पर्पटी के भार का 28% भाग पार्थिव सिलिकन होता है तथा विस्तार की दृष्टि से इस तत्त्व को दूसरा नंबर प्राप्त है (ऑक्सीजन के बाद)। सिलिकन रासायनिक रूप में कार्बन का सदृशरूप है, परंतु दोनों में फर्क यह है कि कार्बन स्वतंत्र रूप में अतिप्राचीन काल से ज्ञात चला आ रहा है जबकि सिलिकन सरल पदार्थ के रूप में केवल 1823 में प्राप्त किया गया। यह वर्ष इस तत्त्व की जन्मतिथि माना जाता है।

क्या यह कथन न्यायोचित है? मनुष्य बहुत पुराने जमाने से सिलिकन यौगिकों को इस्तेमाल करता आ रहा है। आदिम जाति के लोगों के औजार, निर्माण-कार्यों में इस्तेमाल की जाने वाली चीजें, काँच आदि इस बात को प्रमाणित करती हैं...इसके बावजूद भी सिलिकन को प्राचीन तत्त्व क्यों नहीं माना जाता? मध्ययुग में लोग सिलिका मृदा के साथ परिचित हो गए थे और अठारहवीं शताब्दी में बहुत सारे वैज्ञानिक यह विचार प्रकट करने लगे थे कि यह मृदा किसी अज्ञात तत्त्व का ऑक्साइड है। परंतु इस तत्त्व को अलग कैसे किया जाए, किसी को भी पता नहीं था और अगर अलग कर भी लिया जाए तो क्या वह धातु होगा? यह काम बड़ा ही मुश्किल साबित हो रहा था। बाद में जाकर यह पता चला कि सिलिकन को डाइऑक्साइड से अपचयित करना इतना मुश्किल क्यों होता है। लेवूजियो ने सिलिकन को 'साधारण पदार्थों की तालिका' में चौथे ग्रुप में चूने, मैग्नीशिया, बेरिट तथा ऐलुमिना के साथ जगह दी। इस ग्रुप में उन्होंने वे पदार्थ रखे थे जो 'लवण बनाते हैं तथा मृदा के रूप में मिलते हैं।''

लेवूजियो और शील ने सिलिकन 'मृदा' को विभाजित करने की कोशिश की, पर कोई फायदा नहीं हुआ। 1810 में डेवी ने इस काम को अपने हाथों में लिया। उन्होंने वैद्युतरासायनिक विधि अपनायी जिसके आधार पर कुछ दिनों पहले वे पोटेशियम, सोडियम, मैग्नीशियम तथा कैल्सियम स्वतंत्र रूप में प्राप्त कर चुके थे। परंतु अंग्रेज रसायनज्ञ के प्रयास भी व्यर्थ गए। उनहोंने गैल्वेनी बैटरी को

अलग रख दिया और शुद्ध रासायनिक विधि द्वारा यह काम पूरा करना चाहा : उन्होंने तप्त सिलिकन ऑक्साइड के ऊपर से धात्विक पोटेशियम की वाष्प गुजारी, परंतु इस बार भी प्राथमिक सिलिकन ने बाहर निकलना पसंद नहीं किया।

एक साल बाद दो और महान वैज्ञानिक इस काम में जुट गए : गे-लुसाक व टेनार। फ्रेंच अनुसंधानकर्ताओं ने सिलिकन के फ्लुओराइड यौगिक (टेट्राफ्लुओराइड) व धात्विक पोटेशियम के बीच व्यतिक्रिया करायी। इस तीव्र व्यतिक्रिया के फलस्वरूप लाल-भूरे रंग का पदार्थ प्राप्त हुआ परंतु ये वैज्ञानिक इसकी प्रकृति नहीं समझ सके। उन्हें संभवतः अक्रिस्टलीय सिलिकन प्राप्त हुआ था जिसमें काफी अशुद्धियाँ उपस्थित थीं। इस घटना के 10 वर्ष बाद बेर्जेलियस ने सिलिकन को स्वंतत्र रूप में प्राप्त करने का काम अपने हाथ में लिया। उद्देश्य तक पहुँचने के लिए वैज्ञानिक को कई प्रयोग करने पड़े। सबसे पहले उन्होंने सिलिका, लौह पाउडर व कोयले का मिश्रण डेढ़ हजार डिग्री सेंटीग्रेट तक गर्म किया जिसके परिणामस्वरूप उन्हें सिलिकन व लौह का एक ऐलाय फेरोसिलिसियम प्राप्त हुआ। पहली बार किसी वैज्ञानिक को यह यौगिक प्राप्त करने में सफलता मिली थी। इसके बाद स्वीडिश रसायनज्ञ ने गे-लुसाक व टेनार के प्रयोगों को दोहराया। बेर्जेलियस ने लाल-भूरे रंग का पदार्थ जल से धोया। कुछ अशुद्धियाँ जल में घुल गयीं और बाकी बचे गहरे-भूरे रंग के पाउडर में, बेर्जेलियस के विचारानुसार, वास्तव में सिलिकन स्वतंत्र रूप में उपस्थित था। परंतु वह पोटेशियम फ्लुओरोसिलिकेट की अशुद्धि के रूप में था। अशुद्धि को दूर करने के लिए पाउडर को बहुत देर तक जल में धोना पड़ा तथा यह काम बड़ा मुश्किल सिद्ध हुआ। अन्य विधि ज्यादा सुविधाजनक तथा प्रभावशाली साबित हुई तथा इसके द्वारा प्राप्त अक्रिस्टलीय सिलिकन काफी शुद्ध था—इस विधि के अंतर्गत पोटेशियम फ्लुओरोसिलिकेट को अतिरिक्त धात्विक पोटेशियम द्वारा निस्तापित किया गया। अक्रिस्टलीय सिलिकन से बेर्जेलियस ने शुद्ध सिलिका प्राप्त किया। प्रयोगों की इस शृंखला के कारण ही

ज. बेर्जेलियस

बेर्जेलियस को सिलिकन का खोजकर्ता माना जाने लगा।

1855 में फ्रेंच रसायनज्ञ सेनक्लेर डेविल को धात्विक ऐलुमिनियम प्राप्त करते समय क्रिस्टलीय सिलिकन अलग करने में सफलता मिल गयी।

ऐलुमिनियम

सिलिकन के बाद जिस तत्त्व की खोज का नंबर आया, वह ऐलुमिनियम था। पृथ्वी पर सर्वाधिक पाए जाने वाले तत्त्वों में यह तीसरे स्थान पर है तथा सर्वाधिक विस्तृत धातुओं में इसका प्रथम स्थान है। यह तत्त्व लगभग 250 से भी ज्यादा खनिजों में मिलता है। ऐलुमिनियम ऑक्साइड अर्थात् ऐलुमिना प्राचीन काल से ज्ञात है। यह कई बहुमूल्य रत्नों में मिलता था, जैसे याकूत, नीलम, गार्नेट, फिरोजा, पन्ना, बेरिल आदि। इस सूची में और भी बहुत सारे नाम शामिल किए जा सकते हैं। असंख्य खनिजों का मुख्य अवयव ऐलुमिनोसिलिकेट होते हैं।

ऐलुमिनियम् के बारे में भी वही प्रश्न पूछा जा सकता है जो सिलिकन की कहानी में पूछा गया था। ऐलुमिनियम की खोज की तिथि अवास्तविक-सी लगती है : क्योंकि इस वक्त तक धातु के विभिन्न यौगिक ज्ञात हो चुके थे तथा किसी को भी इस बात में शक नहीं था कि ऐलुमिना इस तत्त्व का ऑक्साइड है।

परंतु जो बात मान ली गयी है, उसे बदलना असंभव है। अतः हम ऐलुमिनियम की खोज की तिथि की सत्यता की जाँच नहीं करने जा रहे हैं। इस तत्त्व की खोज इतनी देर से क्यों हुई? इस प्रश्न का उत्तर ढूँढ़ना मुश्किल काम नहीं है : ऐलुमिनियम ऑक्साइड से प्राथमिक ऐलुमिनियम अलग करना बड़ा टेढ़ा काम था, यह यौगिक बहुत ही ज्यादा मजबूत था। आज भी ऑक्साइड से इस धातु को अपचयनित करना मुश्किल काम माना जाता है तथा यह प्रगलित लवणों के विद्युत् अपघटन की विधि के कारण संभव हो सका है। पिछली शताब्दी में ऐलुमिना को अपचयित करने के लिए हाइड्रोजन तथा कोयला इस्तेमाल किया जाता था तथा ये अपचायक तत्त्व को इसके यौगिकों से बाहर नहीं निकलने देते थे। क्षारीय धातुओं, खासतौर पर पोटेशियम ने यह असंभव कार्य संभव कर दिया। रासायनिक तत्त्वों की खोज के इतिहास की यह एक अच्छी मिसाल है, जब एक तत्त्व की खोज दूसरे की खोज का आधार बन गयी।

फिटकरी (एलम) नामक यौगिक अतिप्राचीन काल से ज्ञात है। उदाहरण के लिए, ऐलुमिनियम-पोटेशियम ऐलम। मध्ययुग में इन यौगिकों को 'ऐलुमेन' कहते थे (तत्त्व का भावी नाम 'ऐलुमिनियम' इसी शब्द से लिया गया है), परंतु विभिन्न

अनुसंधानकर्ताओं ने ऐलम की गठन अलग-अलग निर्धारित की। कोई भी इस बात का निश्चित उत्तर नहीं दे सका : ऐलम है क्या चीज? इस प्रश्न का उत्तर तब मिला, जब रासायनिक विश्लेषण पर्याप्त रूप से विकसित हो गया।

सन् 1754 में जर्मन रसायनज्ञ मारग्राफ को ऐलमों के विलयन में साफ क्षार मिलाने से सफेद रंग का एक अवक्षेप प्राप्त हुआ। इस अवक्षेप को सल्फ्यूरिक अम्ल में घोल कर प्राप्त विलयन को वाष्पित करने पर फिर ऐलम बन जाते थे। मारग्राफ ने यह अनुमान लगाया कि ऐलम में अज्ञात नई मृदा उपस्थित है जिसका नाम उन्होंने 'ऐलुमिना' रखा। इसका मलतब यह हुआ कि ऐलम में क्षार 'ऐलुमिना' तथा सल्फ्यूरिक अम्ल उपस्थित था—इस निष्कर्ष से मारग्राफ की रासायनिक प्रतिभा का पता चल गया था। उन्होंने एक और महत्त्वपूर्ण बात नोट की : ऐलुमिनियम 'मृदा' कीचड़ में भी उपस्थित थी। अगर इतिहास जर्मन वैज्ञानिक के प्रेक्षणों का सही मूल्यांकन करता, तो उन्हें एक नए तत्त्व की खोज का श्रेय मिल जाता। परंतु इतिहास ने तब तक इंतजार करना बेहतर समझा, जब तक कि यह तत्त्व स्वतंत्र रूप में प्राप्त नहीं हो जाता। लेवूजियो ने 'सरल पदार्थों की सारणी' में 'ऐलुमिना' को सिलिका के साथ रख दिया।

सिलिकन के इतिहास के साथ संबंधित हमारे जाने पहचाने कई वैज्ञानिकों ने ऐलुमिनियम ऑक्साइड को विभाजित करने के प्रयास किए। डेवी और बेर्जेलियस ने विद्युत् रासायनिक वैश्लेषिक विधि अपना कर देखी, पर कोई फायदा नहीं हुआ। परिस्थितियाँ कुछ ऐसी बनीं कि डेनिश वैज्ञानिक एर्स्टड को प्राथमिक ऐलुमिनियम के प्रथम खोजकर्ता कहलाने का अधिकार मिल गया। वे विज्ञान के इतिहास में एक भौतिकविद् के रूप में विख्यात हैं : उन्होंने चालक में विद्युत्धारा प्रवाहित होने पर चुंबकीय क्षेत्र बनने की परिघटना की खोज की। रसायनज्ञ के नाम से उन्हें बहुत कम लोग जानते हैं, हालांकि वे प्रथम व्यक्ति थे जिसे धात्विक ऐलुमिनियम प्राप्त करने में सफलता मिली थी।

सबसे पहले ऐर्स्टड ने निर्जलीय ऐलुमिनियम क्लोराइड संश्लिष्ट किया : इसके लिए उन्होंने एलुमिना और कोयले के तप्त मिश्रण में क्लोरीन प्रवाहित की। इसके बाद क्लोराइड को पोटेशियम के अमलगम के साथ गर्म किया। इस प्रकार पहली बार ऐलुमिनियम का अमलगम तैयार किया गया। पारद पृथक् करने के बाद एर्स्टड को धात्विक थक्के प्राप्त हुए, जो टिन से मिलते थे।

1825 की ग्रीष्म में ऐर्स्टड ने एक डेनिश पत्रिका में अपनी खोज की रिपोर्ट प्रकाशित करवायी, परंतु कम प्रचलित पत्रिका होने के कारण बहुत सारे

वैज्ञानिकों को धात्विक ऐलुमिनियम की प्राप्ति की बात पता ही नहीं चली। इसी वजह से विज्ञान के कुछ इतिहासकारों ने इस बात को माना ही नहीं कि ऐर्स्टड ने धात्विक ऐलुमिनियम सचमुच में अलग किया है। वे लोग वोहलर को प्राथमिकता दे रहे थे।

इस जर्मन रसायनज्ञ के नाम के साथ ऐलुमिनियम की खोज का दोहरा संबंध है। यह 1827 की बात है। इस बात में कोई संदेह नहीं कि वोहलर ऐर्स्टड से कहीं ज्यादा कुशल रसायनज्ञ तथा प्रयोगकर्ता थे। उनका प्रयोग उनकी सूझबूझ पर आधारित था। शुरू में वे ऐर्स्टड के प्रयोग दोहराने में असफल रहे, परंतु उनसे सलाह लेने के बाद वे ऐर्स्टड की गलती समझ गए। सफलता प्राप्त करने के लिए ऐलुमिनियम क्लोराइड के विलयन को निर्जलीय अवस्था में तैयार करना आवश्यक था। वोहलर ने इसके लिए एक नया जटिल, परंतु विश्वसनीय तरीका ढूँढ़ा। सबसे पहले उन्होंने ऐलुमिनियम हाइड्रोक्साइड प्राप्त किया, फिर इस हाइड्रोक्साइड में कोयला व वनस्पति तेल मिलाकर गाढ़ा चिपचिपा पेस्ट तैयार किया। इस पेस्ट को निस्तापित करके धातु और कोयले के चूर्ण का मिश्रण प्राप्त हुआ। इस मिश्रण में से शुष्क क्लोरीन गुजार कर निर्जलीय $AlCl_3$ किया। इसके बाद ऐलुमिनियम के त्रिक क्लोराइड को पोटेशियम द्वारा अपचयित कराके काफी शुद्ध धातु प्राप्त कर ली। वोहलर प्रथम वैज्ञानिक थे जिन्होंने धात्विक ऐलुमिनियम के गुणों का वर्णन किया और 1845 में उन्होंने नयी धातु की एक सिल्ली तैयार कर दी।

परंतु बाद में यह पता चला कि वोहलर के ऐलुमिनियम में भी काफी अशुद्धियाँ मिली हुई थीं : धातु को शुद्ध रूप में प्राप्त करना काफी कठिन काम साबित हुआ। 1854 में सेन क्लेर डेविल ने इस समस्या को हल कर दिया। इसके अलावा बुन्सन के साथ उन्होंने स्वतंत्र रूप से ऐलुमिनियम के दुहरे क्लोराइड और सोडियम का वैद्युत अपघटन किया। इस प्रकार पहली बार ऐलुमिनियम वैद्युत रासायनिक विधि द्वारा प्राप्त किया गया। वैद्युत-विश्लेषण ही वह विधि साबित हुई, जिसके आधार पर ऐलुमिनियम का औद्योगिक उत्पादन संभव हो पाया और इसका श्रेय सेन क्लेर डेविल को मिला।

थोरियम

1815 में इस रासायनिक तत्त्व के आविष्कारक बेर्जेलियस ने इसे बड़ा डरावना नाम दिया—थोरियम (स्कैण्डेनेविया में गर्जन में देवता को 'थोरा' कहते हैं)। परंतु प्रसिद्ध स्वीडिश रसायनज्ञ जल्दी कर बैठे थे क्योंकि इस साल किसी भी

नए रासायनिक तत्त्व की खोज नहीं हुई थी। बेर्जेलियस को फालुन खानों में मिले एक विरल खनिज का विश्लेषण करने पर एक ऑक्साइड मिला जिसे वे एक अज्ञात धातु का ऑक्साइड समझ बैठे। बस फिर क्या था? उन्होंने मौजूदा तत्त्वों की सूची में एक नाम और जोड़ दिया। उनके समकालीनों में से किसी में भी उनकी बात काटने की हिम्मत नहीं थी क्योंकि उन दिनों बेर्जेलियस पर वैज्ञानिकों का अटूट विश्वास था। परंतु बेर्जेलियस को खुद इस बात की सत्यता पर संदेह होने लगा और उनका संदेह उचित था क्योंकि 10 साल बाद यह पता चला कि उनके द्वारा प्राप्त ऑक्साइड इट्रियम फास्फेट था (इट्रियम काफी अर्से से ज्ञात था) इस प्रकार 1825 में उनकी बात झूठी साबित हो गयी।

एक साल बाद वोहलर ने नार्वे में मिले एक विरल खनिज 'पाइरोक्लोर' में एक नए तत्त्व की उपस्थिति की सूचना दी। वोहलर ने इस घटना को कोई ज्यादा महत्त्व नहीं दिया। आगे चलकर यह उनकी बहुत बड़ी भूल साबित हुई।

इस दौरान एस्मार्क को नार्वे के नजदीक लीवेन द्वीप पर एक भारी काला खनिज मिला। वैज्ञानिक ने इस खनिज का एक नमूना बेर्जेलियस को भेजा। बेर्जेलियस ने इसका ध्यानपूर्वक अध्ययन किया। 1828 में उन्होंने सिलिकेट खनिज से एक नया तत्त्व प्राप्त होने की घोषणा की। पुराना नाम 'थोरियम' यहाँ काम आ गया। जिस खनिज से 'थोरियम-2' प्राप्त हुआ था, बेर्जेलियस ने उसका नाम 'थोराइट' रख दिया।

जब बेर्जेलियस थोरियम के गुणों का अध्ययन कर रहे थे, वोहलर ने इस बात का ध्यान दिया कि वह वही तत्त्व था जिस पर 1826 में उन्होंने कोई ध्यान नहीं दिया था। छः साल बाद जब प्रसिद्ध जर्मन वैज्ञानिक तथा पर्यटक हम्बोल्ड ने वोहलर को साइबेरिया में मिले पाइरोक्लोर का एक नमूना भेंट किया तो वोहलर और भी ज्यादा निराश हुए। वोहलर समझ गए कि कुछ साल पहले उन्हें नार्वेजियन 'पाइरोक्लोर' में और कोई तत्त्व नहीं बल्कि थोरियम ही मिला था। इस प्रकार थोरियम ने वोहलर के साथ बड़ा गंदा मजाक किया था।

बेर्जेलियस ने शुद्ध थोरियम अलग करने की कोशिश की, परंतु उन्हें सफलता नहीं मिली। काफी लंबे अर्से तक तत्त्व ऑक्साइड के रूप में जाना जाता रहा और केवल पिछली शताब्दी के आठवें दशक में इसे धातु के रूप में प्राप्त किया गया। इस प्रकार थोरियम दूसरा विघटनाभिक तत्त्व (यूरेनियम के बाद) था जिसकी खोज रासायनिक विश्लेषण के आधार पर हुई, जिसकी खोज का विघटनाभिकता के साथ कोई संबंध नहीं रहा।

वैनेडियम

...बहुत पुराने जमाने में सुदूर उत्तर में एक अति सुंदर देवी रहती थी जिसका नाम वैनेडिस था। एक दिन जब वह कुर्सी पर बैठी आराम कर रही थी किसी ने उसका दरवाजा खटखटाया। देवी बैठी रही और सोचने लगी—"जब दूसरी बार खटखटाएगा तब खोलूँगी।" परंतु बाहर खड़े व्यक्ति ने दूसरी बार दरवाजा नहीं खटखटाया और देवी को उसके लौटने की आवाज सुनाई दी। देवी को बड़ा कुतूहल हुआ : "कौन आया था?" उसने खिड़की खोल कर बाहर झांका। दरवाजा प्रसिद्ध वोहलर ने खटखटाया था जो अगर थोड़ा सा जिद्दी होते तो देवी उनकी ओर ध्यान जरूर देती।

कुछ दिनों बाद फिर किसी ने दरवाजा खटखटाया, परंतु इस बार बाहर खड़ा व्यक्ति जब तक दरवाजा खटखटाता रहा जब तक देवी उठ कर बाहर नहीं आयी। निल्स सेफ्स्ट्रोम देवी से मिलने आए थे। दोनों को एक दूसरे से प्यार हो गया और उनके एक पुत्र हुआ जिसका नाम उन्होंने वैनेडियम रखा। यह नयी धातु का नाम था।

28 जनवरी 1831 को स्वीडिश रसायनज्ञ बेर्जेलियस ने वोहलर को एक पत्र द्वारा उक्त शब्दों में वैनेडियम की खोज का इतिहास बताया। कहानी काफी अजीब थी तथा इसमें वैनेडियम की विभिन्न रंगों के लवण बनाने की क्षमता ने काफी महत्त्वपूर्ण भूमिका निभायी थी।

...मैक्सिको में सिमापान गाँव के पास लेड अयस्कों के निक्षेप मिले और 1801 में इनका एक नमूना आन्द्रेस डेल रिओ के हाथ लगा। वे मैक्सिको सिटी में खनिज विज्ञान के प्रोफेसर थे। एक अच्छे विश्लेषक होने के नाते वैज्ञानिक ने इस नमूने का अध्ययन किया और वे इस नतीजे पर पहुँचे कि इसमें एक नयी धातु उपस्थित है जो क्रोमियम तथा यूरेनियम से मिलती है। डेल रिओ ने धातु के कई यौगिक प्राप्त किए। हर यौगिक का रंग अलग था। वैज्ञानिक ने इस धातु का नाम 'पैक्रामियम' (यूनानी भाषा में इसका अर्थ 'विविध रंग' होता है) परंतु बाद में उन्होंने इसका नाम बदल कर 'ऐरीट्रोनियम' (जिसका अर्थ 'लाल' होता है) रख दिया क्योंकि नए तत्त्व के कटु लवण गर्म करने पर लाल रंग के हो गए थे। डेल रिओ के दिए नाम से यूरोप के रसायनज्ञ बहुत कम परिचित थे। उन्हें डेल रिओ को प्रयोगों पर भरोसा नहीं रहा था। उन्होंने ऐरीट्रोनियम को लेड क्रोमियम मान लिया। इस संबंध में डेल रिओ ने यूरोप में अपना नया लेख भेजा, जिसका शीर्षक निम्न था "सिमापान में मिले लेड अयस्क में क्रोमयिम की खोज।" पेरिस के एक

वैज्ञानिक कोलेट डेस्कोटिस ने 1809 में इस अयस्क के एक नमूने का विश्लेषण किया और मैक्सिको के वैज्ञानिक की गलत धारणा की पुष्टि कर दी। गलत इसलिए क्योंकि डेल रिओ जिस चीज को लेड क्रोमेट समझ रहे थे, वह वास्तव में वैनेडियम थी। यह बताना मुश्किल है कि डेल रिओ को अपने परिणामों पर संदेह क्यों हुआ था। वैनेडियम की दूसरी खोज के बाद 1832 में उन्होंने खनिज विज्ञान पर एक पाठ्यपुस्तक लिखी जिसमें उन्होंने यह स्वीकार किया कि उनके द्वारा खोजी धातु क्रोमियम नहीं, वैनेडियम थी। परंतु वैनेडियम की खोज का श्रेय स्वीडिश रसायनज्ञ सेफस्ट्रोम को ही मिला।

1830 में सेफस्ट्रोम ने टाबेर्ग में मिले नए लौह अयस्क से इस तत्त्व की थोड़ी सी मात्रा प्राप्त की। परंतु उनकी इस उपलब्धि से वोहलर को बहुत दुख हुआ, क्योंकि उनसे कुछ पहले वोहलर ने भी सिमापान के उस लेड अयस्क का अध्ययन किया था जिसमें 30 साल पहले डेल रिओ को 'ऐरीट्रोनियम' मिला था। 2 जनवरी 1831 को वोहलर ने लिबिख को एक पत्र में यह लिखा कि उन्हें इस अयस्क में एक नयी चीज मिली है। जब वोहलर ने मैक्सिको के अयस्क का अध्ययन पूरा कर लिया तो यह सिद्ध कर दिया कि इस खनिज में वैनेडियम उपस्थित था न कि क्रोमियम जैसा डेल रिओ समझ रहे थे। आगे चलकर इस खनिज का नाम 'वैनेडिनाइट' रख दिया गया तथा यह दुनिया के कई और भागों में भी मिल गया। बेर्जेलियस तथ सेफस्ट्रोम ने वैनेडियम का अध्ययन जारी रखा और वे इस निष्कर्ष पर पहुँचे कि यह तत्त्व क्रोमियम के सदृश था। उन्होंने धात्विक वैनेडियम प्राप्त करने की काफी कोशिश की, परंतु उन्हें सफलता नहीं मिली। कुछ समय तक ये वैज्ञानिक वैनेडियम के ऑक्साइड या नाइट्राइड को धातु समझते रहे। वैनेडियम के इतिहास का अंतिम अध्याय लिखने वाला व्यक्ति एक अंग्रेज रसायनज्ञ रोस्को था। 1860 में उन्होंने वैनेडियम के रासायनिक गुणों का विस्तारपूर्वक अध्ययन किया और यह दिखाया कि वैनेडियम न तो क्रोमियम के सदृश है और न ही यूरेनियम के। इसके विपरीत उनके मतानुसार वैनेडियम एक तरफ तो नियोबियम तथा टैन्टेलम से मिलता था तथा दूसरी तरफ फास्फोरस ग्रुप के तत्त्वों के साथ भी समानता रखता था। 1869 में रोस्को को धात्विक वैनेडियम प्राप्त करने में सफलता मिल गयी। रूसी वैज्ञानिक मेंडेलीफ ने इस रसायनज्ञ के कार्यों की बहुत प्रशंसा की क्योंकि उनके विचारानुसार इन्होंने आवर्त नियम की खोज में बहुत महत्त्वपूर्ण भूमिका निभायी।

विद्युत-रासायनिक विधि द्वारा खोजे गए तत्त्व

इस छोटे अध्याय में दो क्षारीय धातुओं (सोडियम तथा पोटेशियम) और दो क्षारीय मृदा धातुओं (मैग्नीशियम तथा कैल्सियम) का वर्णन किया जाएगा। इन धातुओं को उन्नीसवीं शताब्दी के प्रथम दशक में खोजा गया तथा वे सीधे स्वतंत्र अवस्था में प्राप्त की गयीं। इन तत्त्वों के यौगिक बहुत प्राचीन काल से ज्ञात चले आ रहे हैं तथा यह निश्चित करना असंभव है कि पहली बार इनका कब प्रयोग किया गया, उदाहरणतः, साधारण नमक, पोटाश, चूना या मैग्नीशिया। इन यौगिकों में धातुओं की उपस्थिति पता चलने से काफी पहले ये सारे यौगिक मनुष्य के काम आते रहे हैं।

लेवूजियो ने अपनी 'सरल पिंडों की सारणी' में चूने और मैग्नीशिया को शामिल किया, परंतु तीव्र क्षारों—पोटेशियम तथा सोडियम हाइड्रोक्साइडों को बाहर ही रहने दिया हालांकि यह लिखा कि इन पदार्थों का गठन जटिल है तथा इनकी प्रकृति का अध्ययन भविष्य में किया जा सकता है। कहा जा सकता है कि ऊपर गिनाए तत्त्वों के साथ इतिहास ने ज्यादती की है, क्योंकि उदाहरणतः, बेरियम धात्विक रूप में इनके साथ ही प्राप्त किया गया, जबकि उसकी खोज की तिथि इससे काफी पहले की बतायी जाती है। पर किया क्या जाए, तत्त्वों की खोजों का इतिहास अक्सर विचित्र रहा है।

सोडियम, पोटेशियम, मैग्नीशियम तथा कैल्सियम की खोजों की खूबी यह है कि इन धातुओं को स्वतंत्र रूप में प्राप्त करने के लिए पहली बार विद्युत्धारा का सफलतापूर्वक प्रयोग किया गया अर्थात् पहली बार वैद्युत-रासायनिक विधि अपनायी गयी, जो रासायनिक विश्लेषण विधि की तुलना में गौण भूमिका निभाती है। आगे चलकर प्रगलित यौगिकों के विद्युत्-अपघटन से और कई धातुएँ प्राप्त की गयी, जो आरंभ में यौगिकों के रूप में खोजी गयी थीं।

इसी कारण से ऊपर गिनायी चार धातुओं—सोडियम, पोटेशियम, मैग्नीशियम तथा कैल्सियम की खोज के इतिहास का वर्णन कर एक अलग अध्याय में किया जा रहा है। यह केवल साल की अवधि का इतिहास है तथा इसके मुख्य पात्र डेवी हैं जिनकी गिनती विद्युत्-रसायन के संस्थापकों में की जाती है।

सोडियम और पोटेशियम

सोडियम और पोटेशियम के यौगिकों की मनुष्य को प्राचीन काल से जानकारी है। मिस्र में इन धातुओं के कार्बोनेटों से कपड़े धोए जाते थे। सोडियम का एक सर्वाधिक विस्तृत यौगिक साधारण नमक प्राचीन काल से भोजन में इस्तेमाल होता आ रहा है तथा कुछ देशों में यह काफी महँगा था। कई बार तो नमक की खानों पर कब्जा करने के हेतु युद्ध तक लड़े जाते थे। सोडियम नांइट्रेट अक्सर नमक की झीलों से प्राप्त किया जाता था जबकि पोटेशियम कार्बोनेट वनस्पतियों की राख के निक्षारण से। इसी कारण से पहले यौगिक का नाम खनिज क्षार तथा दूसरे का वनस्पति क्षार रखा गया। लातीनी शब्द 'एल्कली' (alkali) मध्ययुग के एक रसायनज्ञ गेबर की देन था हालांकि उन्होंने दोनों कार्बोनेटों के बीच कोई अंतर नहीं समझा। 1683 में पहली बार इन दोनों की प्रकृति के अंतर की बात कही गयी। हालैंड के एक वैज्ञानिक बोन ने इस बात पर ध्यान दिया कि एक ही प्रतिक्रिया में सोडे तथा पोटाश के इस्तेमाल से अवक्षेपित क्रिस्टलों का आकार आरंभिक यौगिक के अनुसार बदल जाता था।

1702 में श्ताल ने सोडियम तथा पोटेशियम के कुछ यौगिकों के क्रिस्टलों की भिन्नता पर ध्यान दिया। यह सोडे तथा पोटाश में अंतर स्थापित करने की दिशा में एक महत्त्वपूर्ण कदम था। 1736 में फ्रेंच रसायनज्ञ डि मोन्सो ने यह सिद्ध कर दिया कि साधारण नमक, सब्जी तथा बोरेक्स में सोडा हमेशा उपस्थित होता है। चूँकि सोडे का एक अम्लीय घटक पता था, अतः मुख्य घटक की खोज में रुचि होना एक स्वाभाविक बात थी। डि मोन्सो के विचारानुसार सोडा सल्फ्यूरिक अम्ल के साथ मिलकर सज्जी (ग्लौबेर लवण), नाइट्रिक अम्ल के साथ घनीय साल्टपीटर (सोडियम नाइट्रेट) तथा हाइड्रोक्लोरिक अम्ल के साथ समुद्री नमक की एक किस्म बनाता है। क्या इसके बल पर यह नहीं माना जा सकता है कि सोडा समुद्री नमक का मूलाधार होता है?

हालांकि बहुत पहले से रसायनज्ञों का अनुमान था कि क्षारीय मृदा धातुओं के ऑक्साइड होते हैं, परंतु फिर भी सोडे तथा पोटाश की वास्तविक प्रकृति का

अध्ययन उन्नीसवीं सदी के आरंभ तक नहीं किया गया। यहाँ तक कि लेवूजियो जैसे बुद्धिमान् वैज्ञानिक का भी इसके बारे में कोई निश्चित मत नहीं था। उन्हें पता नहीं था कि सोडे तथा पोटाश के मुख्य घटक क्या हैं। उनका सुझाव था कि नाइट्रोजन इनका एक घटक हो सकता है। उन्हें यह गलतफहमी शायद सोडियम, पोटेशियम तथा अमोनियम लवणों के गुणों की समानता की वजह से हो गयी थी।

इन घटकों को निश्चित करने का श्रेय डेवी को मिलता है। शुरू में उन्हें इस काम में असफलता मिली, वे गैल्वैनी बैटरी की सहायता से सोडे और पोटाश से धातुएँ अलग नहीं कर सके। परंतु शीघ्र ही वैज्ञानिक को अपनी गलती समझ आ गयी : बात यह थी कि वे इन यौगिकों के संतृप्त जलीय विलयनों के साथ प्रयोग कर रहे थे और जल की उपस्थिति विखंडन में बाधा डाल रही थी। अक्टूबर 1807 में उन्होंने निर्जलीय पोटाश को प्रगलित करने का फैसला किया। जैसे ही उन्होंने क्षारीय हाइड्रोक्साइड गलित करके वैद्युत-विश्लेषण शुरू किया गलित द्रव में डूबे ऋणात्मक इलैक्ट्रोड पर धात्विक चमक वाली छोटी-छोटी गोलियाँ जमा होने लगीं। देखने में वे पारद जैसी थीं। कुछ गोलियाँ एक विस्फोट के साथ तेज ज्वाला देकर तुरंत जल गयीं तथा कुछ नहीं जलीं, उनकी चमक कम हो गयी तथा उनके ऊपर सफेद तह जम गयी। असंख्य प्रयोगों से डेवी इस निष्कर्ष पर पहुँचे कि ये गोलियाँ वही चीज थीं जिसकी डेवी को तलाश थी। यह अतिज्वलनशील पदार्थ पोटेशियम हाइड्रोक्साइड का मूलाधार था।

ए. डेवी

डेवी ने इस धातु का बड़ी बारीकी से अध्ययन किया। उन्होंने यह देखा कि इस धातु की पानी के साथ प्रतिक्रिया से जो ज्वाला निकलती थी वह जल से विलगित हाइड्रोजन के कारण उत्पन्न होती थी। डेवी ने पोटेशियम हाइड्रोक्साइड से प्राप्त धातु के अध्ययन के बाद इसी विधि से सोडियम हाइड्रोक्साइड की खोज शुरू कर दी और उन्हें एक और क्षारीय धातु अलग करने में सफलता मिल गयी। वैज्ञानिक ने कहा कि दूसरी धातु को प्राप्त करने में पोटाश के साथ प्रयोग के

मुकाबले अधिक शक्तिशाली बैटरी की जरूरत थी। परंतु दोनों धातुओं के गुण मिलते-जुलते थे।

छोटे से अर्से में वैज्ञानिक ने पोटेशियम और सोडियम के गुणों का बारीकी से अध्ययन पूरा कर लिया। परंतु फिर भी कुछ रसायनज्ञों को इनकी प्राथमिक प्रकृति पर संदेह रहा और वे इन्हें क्षारों और हाइड्रोजन के यौगिक मानते रहे। परंतु शीघ्र ही गे-लुजाक तथा थेनार्ड ने इस बात की विश्वसनीय पुष्टि की कि डेवी ने ये साधारण पदार्थ प्राप्त किए थे।

मैग्नीशियम

मैग्नीशियम के यौगिक-ऐस्बेस्टॉस, टैल्कम, डोलामाइट, नेफाराइट-अति प्राचीन काल से ज्ञात रहे हैं, तथा विभिन्न कार्यों में युक्त होते रहे हैं। परंतु इसके बावजूद भी इन्हें अलग-अलग पदार्थ न मानकर चूने की किस्में समझा जाता रहा।

1618 में विकेर ने इंग्लैंड में एप्स्म के पास एक खनिज स्रोत की खोज की। 1695 में एप्स्म में एक लवण (मैग्नीशियम सल्फेट) मिला, जिसका स्वाद कड़वा था। आगे चलकर यह लवण चिकित्सा कार्यों में प्रयुक्त किया जाने लगा।

इसके कुछ समय बाद वैज्ञानिकों को यह पता चला कि समुद्री जल से प्राप्त लवण की शुद्धि के बाद मातृ विलयन में सल्फ्यूरिक अम्ल मिलाने से कृत्रिम एप्स्म लवण प्राप्त किया जा सकता है। वैज्ञानिकों ने एप्स्म तथा ग्लौबेर लवण के बीच अंतर भी स्थापित किया, परंतु काफी लंबे अर्से तक वे चूने तथा सफेद मैग्नीशिया के बीच में अंतर स्थापित करने में असफल रहे। ब्लैक प्रथम वैज्ञानिक थे जो इन यौगिकों की तथा इसके सल्फेटों की जल में विलेयता में अंतर सिद्ध कर सके। न्यूमैन के प्रस्ताव पर मैग्नीशियम पाइरोलुसाइट स्वीकार हो ही चुका था। 1807 में धात्विक मैग्नीशियम सर्वप्रथम डेवी द्वारा प्राप्त किया गया। उन्होंने इसके लिए वही विधि अपनायी जो उन्होंने पोटेशियम तथा सोडियम की प्राप्ति के लिए प्रयुक्त की थी। यह बात सच है कि उनके द्वारा प्राप्त धातु ज्यादा शुद्ध नहीं थी तथा उसकी मात्रा भी बहुत थोड़ी थी। फ्रेंच वैज्ञानिक बूसी ने 1831 में शुद्ध धातु बड़ी मात्रा में प्राप्त की। तत्त्व का नाम शब्द 'मैग्नीशिया' (magnesia) से लिया गया है।

कैल्सियम

मनुष्य को कैल्सियम के बहुत सारे खनिजों की अति प्राचीन काल से जानकारी रही है, जैसे, चूना पत्थर, जिप्सम, ऐलेबास्टर (सेलखड़ी) आदि, अर्थात् इसके कार्बोनेट तथा सल्फेट खनिजों से मनुष्य का वास्ता बहुत पुराने जमाने से रहा है।

प्राचीन काल में लोग चूने पत्थर को निस्तापन द्वारा चूने में परिवर्तन करने की विधि से परिचित थे। प्लीनी ज्येष्ठ ने इसका वर्णन किया है। परंतु केवल 1755 में ब्लैक ने यह सिद्ध किया कि निस्तापन के दौरान भार (द्रव्यमान) में जो कमी होती थी, वह परिबद्ध वायु-कार्बन डाइऑक्साइड—के निकल जाने की वजह से होती थी।

प्राचीन काल में 'ऐलेबास्टर' शब्द दो खनिजों के लिए प्रयुक्त किया जाता था। प्रथम खनिज (कैल्सियम सल्फेट की एक किस्म) का यह नाम आज तक प्रचलित चला आ रहा है, परंतु मिश्र में कैल्साइट (कैल्सियम कार्बोनेट) की एक किस्म को 'ऐलेबास्टर' कहा जाता है।

जिप्सम भी प्राचीन काल से निर्माण कार्यों में प्रयुक्त होता आ रहा है। जिप्सम पर आधारित विलयन पिरामिडों, मंदिरों तथा अन्य इमारतों के निर्माण में प्रयुक्त होते रहे हैं। थियोफरास्टोस ने दो खनिजों के लिए 'जिप्सम' नाम इस्तेमाल किया है : स्वयं जिप्सम के लिए तथा इसके आंशिक निर्जलीकरण के उत्पाद के लिए। जर्मन रसायनज्ञ पोट ने 1746 के शुरू में ही कैल्सियम ऑक्साइड का वर्णन कर दिया था, परंतु विभिन्न अपचायकों की सहायता से इस ऑक्साइड से धातु प्राप्त करने के सभी प्रयास असफल रहे।

डेवी ने इस काम को पूरा करने के लिए ठीक विधि सुझायी। पहले उन्होंने केरोसीन की तह से चढ़ी आर्द्र मृदा में विद्युत् धारा प्रवाहित करके कैल्सियम प्राप्त करने की कोशिश की (उन्होंने बेरियम तथा स्ट्रॉन्शियम की प्राप्ति के लिए भी यही विधि अपनायी थी)। अपने प्रयोगों के परिणामस्वरूप डेवी ने शुद्ध क्षारीय मृदा धातुओं की प्राप्ति की निम्न विधि विकसित की। उन्होंने आर्द्र मृदा में 1/3 (द्रव्यमान का) भाग मर्करी ऑक्साइड मिलाकर इस मिश्रण को प्लैटिनम के एक बर्तन में रख दिया जिसे एक उच्च वोल्ट बैटरी के धनाग्र के साथ जोड़ा हुआ था। इसके बाद उन्होंने मिश्रण के मध्य में धात्विक मर्करी की एक बूँद डाली। इस बूँद में डूबा प्लैटिनम इलैक्ट्रोड बैटरी के ऋणाग्र से जुड़ा हुआ था। इस विधि से प्राप्त पारद मिश्रण को डेवी ने पारद तथा नयी रजत-सफेद धातु-कैल्सियम में परिवर्तित कर दिया। डेवी ने सन् 1808 में कैल्सियम प्राप्त की। उसी साल बेर्जेलियस तथा पोन्तिन ने इसी विधि से कैल्सियम प्राप्त की। धातु का नाम लातीनी शब्द 'कल्क्स' (calx) से लिया गया है जिसका अर्थ 'चूना' है।

स्पेक्ट्रमदर्शी विधि द्वारा खोजे गए तत्त्व

उन्नीसवीं शताब्दी में शायद ही ऐसा कोई दशक हुआ हो, जब रासायनिक तत्त्वों की सूची में नए तत्त्व शामिल न किए गए हों। और कुछ दशकों में खोजे गए तत्त्वों की संख्या काफी ज्यादा बढ़ जाती थी। पिछली शताब्दी का छठा दशक जरूर अपवाद है जब वैज्ञानिकों ने एक भी नया तत्त्व नहीं खोजा। इस वक्त तक वैश्लेषिक रसायन अपनी पूरी ताकत दिखा चुका था। पिछली शताब्दी के मध्य एक रासायनिक वैश्लेषिक विधि ने उन सभी तत्त्वों की खोज संभव कर दी थी जिनकी खोज में और किसी विशेष विधि की जरूरत महसूस नहीं हुई थी। खोज गए तत्त्व या तो प्रकृति में काफी विस्तृत थे या विरल तत्त्वों वाले खनिजों के निक्षेपों का सौभाग्यवश पता लग गया था। उन्नीसवीं शताब्दी के मध्य तक लगभग 60 तत्त्व खोजे जा चुके थे।

1859-1860 में दो जर्मन वैज्ञानिकों बुन्सन तथा किर्हगोफ ने एक नयी विधि विकसित की, जिसने नए तत्त्वों की खोजों के इतिहास में आया सन्नाटा भंग कर दिया। यह थी—'स्पेक्ट्रमदर्शी विधि। इसके तुरंत बाद नए तत्त्वों की खोजों की खबरें सुनायी देने लगीं और हर बार नए तत्त्व की खोज का संकेत स्पेक्ट्रम-रेखा देती थी। स्पेक्ट्रमदर्शी विधि से चार नए रासायनिक तत्त्व (सीजियम, रूबिडियम, थैलियम तथा इंडियम) खोजे गए।

सीजियम

सीजियम ऐसा पहला रासायनिक तत्त्व साबित हुआ जिसकी पृथ्वी पर उपस्थिति की बात स्पेक्ट्रमदर्शी वैश्लेषिक विधि के आधार पर सिद्ध की गयी। परंतु इस विरल क्षारीय धातु की किस्मत कुछ और भी हो सकती थी। 1846 में जब खनिजविद् ब्रेथाउप्ट ऐल्बा द्वीप से लाए कुछ खनिजों तथा अयस्कों का

अध्ययन कर रहे थे, उन्हें रंगीन क्वार्ट्ज़ाइट का एक नमूना मिला जिसका नाम उन्होंने पालुक्स या पालीसाइट रखा। पालुक्स का नमूना फ्रेबर्ग की खनिज अकादमी के एक प्रोफेसर, जर्मन रसायनज्ञ प्लैटनर के हाथ लग गया। प्लैटनर को पालुक्स का जो नमूना मिला था, वह केवल एक विश्लेषण के लिए काफी था। प्लैटनर को खनिज के विश्लेषण से कोई नई चीज नहीं मिली, परंतु उन्हें यह देखकर बहुत आश्चर्य हुआ कि खनिज के घटकों का जोड़ केवल 92.75% निकल रहा था। बाकी 7.25% का क्या हुआ? प्लैटनर इस प्रश्न का उत्तर नहीं ढूँढ़ सके, क्योंकि वे सारा पालुक्स खर्च कर चुके थे। फिर भी वैज्ञानिक ने निम्न बात स्थापित कर दी : उन दिनों ज्ञात सभी सिलिकेटों में से पालुक्स में ही क्षारों की सबसे अधिक मात्रा, उपस्थित थी। इसके दौरान प्लैटन्र को सीजियम की खोज करने का सुअवसर इसलिए नहीं मिला क्योंकि वह सोडियम तथा पोटेशियम की अधिक मात्रा के पीछे छिप गया था।

र. बुन्सन

1860 में बुन्सन तथा किर्हगोफ ने स्पेक्ट्रमदर्शी विधि द्वारा विभिन्न खनिज जलों के रासायनिक अवयवानुपात का अध्ययन किया। एक बार वे दूरखेम के खनिज जल के एक नमूने का अध्ययन कर रहे थे। इस खनिज जल कैल्सियम, स्ट्रॉन्शियम, मैग्नीशियम तथा लीथियम पृथक् करने के बाद वैज्ञानिकों ने जब वाष्पित विलयन की एक बूँद का स्पेक्ट्रमदर्शी अध्ययन किया तो उन्हें स्पेक्ट्रम में दो स्पष्ट नीली रेखाएँ दिखाई दीं। इनमें से एक रेखाकी स्थिति स्ट्रॉन्शियम रेखा से मिलती थी। इस प्रयोग से बुन्सन तथा किर्हगोफ इस निष्कर्ष पर पहुँचे कि यह किसी अज्ञात पदार्थ की स्पेक्ट्रम रेखाएँ थीं, क्योंकि ऐसी रेखाओं वाला कोई पदार्थ उस वक्त ज्ञात नहीं था। उनके विचारानुसार यह अज्ञात पदार्थ क्षारीय धातुओं के ग्रुप के साथ संबंधित था। उन्होंने इसका नाम 'सीजियम' (सूत्र Cs) रखने का प्रस्ताव पेश किया (लातीनी शब्द सीजियस (caesius)के आधार पर)। पुराने जमाने में यह शब्द आसमान के नीले रंग के लिए इस्तेमाल किया जाता था। सीजियम के अतिसुंदर नीले वाष्प के आधार पर वैज्ञानिकों ने यह सिद्ध कर दिया

कि सोडियम, लीथियम तथा स्ट्रॉशियम के मिश्रण में इस पदार्थ की 1/1000000 मिलीग्राम मात्रा उपस्थित होती है।

11 अप्रैल 1860 को बुन्सन ने रोस्को (फोटोरसायन के अध्ययन में उनके सहयोगी) को एक पत्र द्वारा एक नयी क्षारीय धातु के अध्ययन की सूचना दी। 10 मई को बुन्सन ने बर्लिन विज्ञान अकादमी की बैठक में सीजियम की खोज की रिपोर्ट दी। 6 महीने बाद बुन्सन शुद्ध सीजियम क्लोरोप्लैटिनेट की 50 ग्राम मात्रा प्राप्त कर चुके थे। इतनी मात्रा प्राप्त करने के लिए 300 टन खनिज जल की जरूरत पड़ी थी तथा लगभग 1 किलोग्राम लीथियम क्लोराइड स्लैग के रूप में प्राप्त हुआ था। इन आँकड़ों से यह स्पष्ट है कि खनिज जलों में सीजियम की मात्रा कितनी तुच्छ थी।

चार साल बाद इतालवी विश्लेषक पिजानी ने पालुक्स का अध्ययन शुरू किया, जिसका कुछ साल पहले प्लैटनर अध्ययन कर चुके थे। पिजानी की किस्मत अच्छी निकली। उन्होंने खनिज में सीजियम ढूँढ़ लिया और यह दिखा दिया कि जर्मन वैज्ञानिक प्लैटनर ने भावी सीजियम के सल्फेट को भ्रमवश सोडियम और पोटेशियम के सल्फेटों का मिश्रण समझ लिया था। परंतु धात्विक सीजियम अभी भी प्राप्त नहीं हो सका। केवल 1882 में जर्मन रसायनज्ञ जैटरबर्ग ने सायेनाइडों के मिश्रण (CsCN तथा $Ba(CN)_2$ के वैद्युत अपघटन से शुद्ध सीजियम धातु प्राप्त की। रूस में उन्हीं दिनों स्वतंत्र रूप से बेकेतोव ने सीजियम ऐलुमिनेट ($CsAlO_2$) को हाइड्रोजन के प्रवाह में मैग्नीशियम द्वारा अपचयित करके सीजियम प्राप्त किया।

रूबिडियम

दूसरे 'स्पेक्ट्रमदर्शी तत्त्व' की खोज एक विरल खनिज लेपिडोनाइट के अध्ययन के साथ संबंधित है (लाइलैक वर्ग के कारण इसे लाइलैलाइट भी कहा जाता था)। अठारहवीं शताब्दी के अंत में क्लाप्रोत ने पहली बार इस खनिज का रासायनिक विश्लेषण किया। परंतु यह अनुभवी विश्लेषक इसमें क्षारों को नहीं ढूँढ़ पाया। अपने परिणामों पर शक होने के कारण क्लाप्रोत ने प्रयोग दोहराने का फैसला किया और इस बार (1797) लेपिडोलाइट में निम्न अवयव पाए : 54.5% सिलिकन ऑक्साइड, 38.25% ऐलुमिनियम ऑक्साइड, 4% पोटेशियम ऑक्साइड, 0.75% मैंगनीज ऑक्साइड। बाकी 2.5% कहाँ गया? क्लाप्रोत ने इसे खनिज में उपस्थित जल की हानि बताया। रसायनज्ञ ने कितने भी बढ़िया तरीके क्यों न

अपनाए, वे दो महत्त्वपूर्ण अवयवों का पता लगाने में असफल रहे। ये दो अवयव थे : लीथियम (उस वक्त तक इसकी खोज नहीं हुई थी) तथा फ्लुओरीन।

1861 के आरंभ में सैक्सन में मिले इस खनिज का एक नमूना बुन्सन तथा किर्हगोफ के हाथ लगा। वैज्ञानिकों ने इसमें से क्षारीय अवयव अलग कर दिए तथा पोटेशियम को क्लोरोप्लैटिनेट के रूप में अवक्षेपित कर दिया। अच्छी तरह से धोने के बाद इस अवक्षेप का स्पेक्ट्रमदर्शी अध्ययन किया गया। 23 फरवरी 1861 के दिन बर्लिन विज्ञान अकादमी की सभा में अन्वेषकों ने लेपिडोलाइट में एक नई क्षारीय धातु की उपस्थिति की घोषणा की। इन वैज्ञानिकों ने इस सभा में निम्न शब्द कहे : ''नई क्षारीय धातु की स्पेक्ट्रमदर्शी रेखा अतिसुंदर गहरे लाल रंग की होने के कारण हमने इस धातु का नाम 'रूबिडियम' तथा इसका सूत्र 'Rb' रखने का फैसला किया। यह शब्द हमने लातीनी शब्द 'रूबिडस' (rubidus) से लिया है जिसका अर्थ 'गहरा लाल रंग' होता है।' इसके बाद बुन्सन तथा किर्हगोफ ने उन खनिज जलों में रूबिडियम उपस्थित पाया जिनमें एक साल पहले सीजियम पाया गया था। रूबिडियम की मात्रा सीजियम से थोड़ी सी ज्यादा निकली। धात्विक रूबिडियम बुन्सन द्वारा 1863 में प्राप्त किया गया।

थैलियम

थैलियम ऐसा तीसरा तत्त्व था जिसकी पृथ्वी के खनिजों में उपस्थिति स्पेक्ट्रमदर्शी विधि द्वारा सिद्ध की गयी। इसके कुछ गुण क्षारीय धातुओं के समान निकले, जिसके कारण कुछ वैज्ञानिक इसे स्वतंत्र रासायनिक तत्त्व न मानकर कुछ क्षारीय धातुओं, मुख्यतः अज्ञात रूबिडियम तथा सीजियम का मिश्रण समझ रहे थे। इस गलतफहमी को दूर करने के लिए समय चाहिए था। जिस वक्त बुन्सन तथा किर्हगोफ उनके द्वारा खोजे गए नए तत्त्वों के अध्ययन में व्यस्त थे, एक अंग्रेज रसायनज्ञ तथा भौतिकविद् क्रूक्स ने स्पैक्ट्रमदर्शी वैश्लेषिक विधि में दिलचस्पी दिखायी। उस वक्त विज्ञान जगत् क्रूक्स को मुख्यतः 'Chemical News' जर्नल के संपादक तथा प्रकाशक के रूप में जानता था। क्रूक्स ने थैलियम की खोज की शुरूआत किसी विशेष विधि से नहीं की। 1850 में उन्हें तिल्केरोडे प्लांट (जर्मनी) से सल्फ्यूरिक अम्ल के उत्पादन के बाद लेड चेम्बरों में 10 पाउंड अवमल (slag) मिला था। वैज्ञानिक ने इस अवमल से सिलीनियम पृथक् कर दिया। उन्हें सिलीनोसायेनाइड नामक यौगिकों के अध्ययन के लिए इस तत्त्व की

जरूरत थी (क्रूक्स का पहला प्रकाशित लेख इसी विषय पर था)। सिलीनियम अलग करने के बाद वैज्ञानिक ने इसे शुद्ध किया। इसके बाद भी पदार्थ की कुछ मात्रा बची रह गयी तथा यह सोचना स्वाभाविक था कि उसमें टैल्यूरियम उपस्थित है क्योंकि टैल्यूरियम रासायनिक गुणों की दृष्टि से सीलिनियम का सीधा सादृश रूप है। परंतु क्रूक्स की काफी कोशिशों के बावजूद टैल्यूरियम प्राप्त नहीं हुआ। वैज्ञानिक ने प्रयोग बंद कर दिए। संयोग की बात थी कि उन्होंने अवमल संभाल कर रख दिया था। (उन्हें शायद विश्वास था कि अवमल में थैलियम छिपा है।)

सीजियम तथा रूबिडियम की खोज से क्रूक्स बहुत प्रभावित हुए। व्यावहारिक होने के नाते वे तुरंत समझ गए कि स्पेक्ट्रमदर्शी विधि विश्लेषण के लिए कितनी आशाजनक थी। उन्होंने एक स्पेक्ट्रमदर्शी प्राप्त किया और तुरंत इसका प्रयोग करने का फैसला किया। उनके अध्ययन का विषय 10 साल से संभाल कर रखा सल्फ्यूरिक अम्ल का अवमल (ठीक-ठीक कहें तो इसमें से सिलीनियम निकालने के बाद बचा माल) था। क्रूक्स अवमल के नमूने को बर्नर की ज्वाला के पास लाए, परंतु उन्हें निराशा का मुँह देखना पड़ा : स्पेक्ट्रम में टैल्यूरियम रेखा के कोई चिह्न नहीं दिखाई दिए। सीलिनियम रेखाएँ प्रकट हुईं, परंतु शीघ्र ही फीकी पड़ गयीं। उनकी जगह एक अद्वितीय हरी रेखा नजर आने लगी जिसे क्रूक्स ने पहले कभी नहीं देखा था। यह रेखा अवमल में एक नए रासायनिक तत्त्व की उपस्थिति की ओर इशारा कर रही थी। वैज्ञानिक ने इस तत्त्व का नाम 'थैलियम' रख दिया। उन्होंने यह शब्द यूनानी भाषा से लिया : 'थैलस' (thallos) का अर्थ है—"एक नयी हरी शाखा।"

क्रूक्स ने जर्नल 'Chemical news' के 30 मार्च 1861 के अंक में इस खोज के बारे में पहला लेख प्रकाशित किया जिसका शीर्षक था : "एक नए तत्त्व की उपस्थिति, संभवतः सल्फर ग्रुप के।" यहाँ लेखक से गलती हो गयी क्योंकि सर्वविदित है कि थैलियम सल्फर तथा इसके सदृशरूपों के साथ किसी तरह का संबंध नहीं रखता है। एक साल बाद क्रूक्स ने अपनी गलती मान ली और अपने नए लेख का शीर्षक निम्न रखा : 'थैलियम, नया धात्विक तत्त्व।' इस लेख में इस तत्त्व की सल्फर के साथ सदृशता की कोई बात नहीं कही गयी।

थैलियम की खोज का यह किस्सा है। यहाँ शब्द 'खोज' का अर्थ है थैलियम के अस्तित्व की एक नयी विधि द्वारा पुष्टि होना। परंतु क्रूक्स थैलियम का स्पेक्ट्रम देखने के बाद न तो धात्विक थैलियम प्राप्त कर सके और न ही इसके यौगिक। यह काम फ्रेंच रसायनज्ञ लामी ने किया जिसके कारण उन्हें अक्सर थैलियम का

खोजी बताया जाता है।

पहली बार लामी को थैलियम की हरी रेखा सिलीनियम के नमूने में दिखायी दीं यह सिलीनियम सल्फ्यूरिक अम्ल के उत्पादन के बाद बचे अवमलों में मिला था अर्थात् लामी ने भी उसी कच्चे माल के साथ काम किया, जिसके साथ क्रूक्स ने काम किया था। यह मार्च 1862 की बात है (क्रूक्स के प्रयोगों के एक साल बाद की)। 23 जून को लामी ने पेरिस विज्ञान अकादमी को धात्विक थैलियम का एक नमूना भेंट किया जिसका वजन 14 ग्राम था। लगता है कि क्रूक्स भी धात्विक थैलियम प्राप्त करने में सफल रहे, परंतु केवल पाउडर के रूप में। लामी ने यह घोषणा की कि क्रूक्स का नमूना थैलियम नहीं बल्कि थैलियम सल्फाइड था। इस बात पर विवाद खड़ा हो गया। क्रूक्स ने यह कहा कि उन्होंने 1862 की 1 मई से पहले धात्विक पाउडर प्राप्त कर लिया था, परंतु उसकी उड़नशीलता के कारण वे उसे सिल्ली में परिवर्त्तित करने से डर रहे थे। पेरिस विज्ञान अकादमी ने इस झगड़े का फैसला करने के लिए एक विशेष समिति बनायी (प्रसिद्ध वैज्ञानिक सेंट क्लेर डेविल, पिलोजे, और ड्यूमा इसके सदस्य थे)। इस समिति ने लामी की प्रथमता को मान्यता दे दी।

इस बात में कोई संदेह नहीं कि थैलियम के रसायन के अध्ययन में फ्रेंच वैज्ञानिक ने क्रूक्स से काफी ज्यादा योगदान दिया। लामी ने यह सिद्ध किया कि धातु त्रिसंयोजक तथा एकसंयोजक यौगिक बनाती है। एकसंयोजक थैलियम क्षारीय धातुओं के साथ बहुत मिलता है तथा त्रिसंयोजक ऐलुमिनियम के साथ। ड्यूमा ने इसे 'विरोधाभासी धातु' के नाम से पुकारा। थैलियम की पोटेशियम तथा सोडियम के साथ समानता ने इस विचार को जन्म दिया कि थैलियम उच्च परमाणु भारों वाली अज्ञात क्षारीय धातुओं का मिश्रण था। बड़े अफसोस की बात है कि थैलियम की खोज का सारा श्रेय क्रूक्स को दिया जाता है तथा फ्रेंच रसायनज्ञ लामी की महत्त्वूर्ण उपलब्धियों की अक्सर उपेक्षा की जाती है।

सन् 1866 में प्रसिद्ध पर्यटक तथा खनिजविद् नोरडेनशल्ड (ग्रीनलैंड के एक अन्वेषक) को एक नया खनिज मिला जिसमें रजत, ताम्र, सिलीनियम तथा थैलियम उपस्थित थे। उन्होंने इस खनिज का नाम क्रूक्स के सम्मान में 'क्रूकेसाइट' रखा। काफी अर्से तक यह माना जाता रहा कि यह एकमात्र खनिज है जिसमें थैलियम का काफी सांद्रण उपस्थित होता है।

इंडियम

रासायनिक तत्त्वों के इतिहास में अक्सर ऐसा होता है कि किसी नए तत्त्व की खोज दूसरे तत्त्व की खोज को प्रेरणा देती है। स्पेक्ट्रमदर्शी विश्लेषण के आधार पर खोजे चार तत्त्वों के ग्रुप के अंतिम सदस्य-इंडियम की खोज में थैलियम ने ऐसी ही भूमिका निभायी।

यह घटना जर्मन नगर फ्रैबर्ग ने घटी तथा इसके मुख्य पात्र दो व्यक्ति थे : खनन अकादमी में भौतिकशास्त्र के प्रोफसेर रैख तथा उनका सहायक रिख्तर। रैख ने दो वर्ष पूर्व आविष्कृत थैलियम के कुछ गुणों में रुचि लेकर अपने प्रयोगों के लिए इस धातु की आवश्यक मात्रा प्राप्त करने का फैसला किया। सबसे पहले उन्होंने थैलियम से भरे प्राकृतिक नमूनों की प्राप्ति की बात सोची। इस उद्देश्य से उन्होंने हिमेल्स्फर्स्ट की खानों से जिंक अयस्कों की ओर ध्यान दिया। वैज्ञानिक ने इनके कुछ नमूनों का विश्लेषण किया। यह ज्ञात था कि इन अयस्कों में जिंक के अलावा सल्फर, आर्सेनिक, लेड, सिलिकन, मैंगनीज, टिन तथा कैडमियम भी उपस्थित थे। रैख का विश्वास था कि इस सूची में थैलियम भी जरूर शामिल था। दीर्घकालीन रासायनिक प्रयोगों के बावजूद भी उन्हें अपनी मर्जी का तत्त्व नहीं मिला। इसकी जगह उन्हें फूस जैसे पीले रंग का अज्ञात अवयवानुपात वाला एक अवक्षेप प्राप्त हुआ। कहा जाता है कि एक बार जब विन्कलर (जर्मेनियम के भावी अन्वेषक) रैख की प्रयोगशाला में आए तो रैख ने उन्हें परखनली में रखा एक अवक्षेप दिखाया और कहा कि यह एक नए तत्त्व का सल्फाइड है।

बड़ा ताज्जुब होता अगर रैख अपनी बात की पुष्टि के लिए स्पेक्ट्रमदर्शी विधि न अपनाते। उन्होंने इस विधि का प्रयोग किया। परंतु दुर्भाग्यवश वे वर्णान्धता के रोगी थे, अतः उन्होंने अपने सहायक रिख्तर को स्पेक्ट्रमदर्शी विश्लेषण का काम सौंपा।

रिख्तर को पहले प्रयास में ही सफलता मिल गयी : उन्हें नमूने के स्पेक्ट्रम में एक अति चमकीली नीली रेखा दिखायी दी जिसे गलती से भी किसी दूसरे तत्त्व की रेखा नहीं समझा जा सकता था; यह रेखा सीजियम की नीली रेखा से भी नहीं मिल रही थी। अन्य शब्दों में प्रेक्षण स्पष्ट था। रिख्तर ने रैख को प्रयोग के परिणाम बताए और दोनों वैज्ञानिक इस निष्कर्ष पर पहुँचे कि हिमेलस्फर्स्ट के जिंक अयस्कों में एक नया तत्त्व उपस्थित है। इस तत्त्व का नाम 'इंडियम' रखने का फैसला किया गया (एक चमकीले नीले रंजक 'इंडियो' के नाम पर)। यहाँ एक महत्त्वपूर्ण बात बतानी आवश्यक है। इंडियम की खोज की प्रथम सूचना पर दोनों

वैज्ञानिकों ने हस्ताक्षर किए थे, परंतु रैख के विचारानुसार इंडियम की खोज का श्रेय अकेले रिख्तर को मिलना चाहिए था।

स्पेक्ट्रमदर्शी विधि द्वारा प्रकृति में इंडियम की उपस्थिति सिद्ध करने के बाद दोनों वैज्ञानिकों ने इस तत्त्व की थोड़ी सी मात्रा प्राप्त कर ली। इंडियम यौगिकों से बुन्सन बर्नर की ज्वाला नीले-बैंगनी रंग की हो गयी। यह ज्वाला इतनी चमकीली थी कि स्पेक्ट्रमदर्शी के बिना भी एक नए तत्त्व की उपस्थिति स्थापित की जा सकती थी। रैख और रिख्तर ने इंडियम के कुछ गुणों का अध्ययन किया तथा विन्कलर ने इस काम में उनकी काफी सहायता की।

इतने में धात्विक इंडियम भी प्राप्त हो गया (हालांकि यह काफी अशुद्ध था); 1867 में रिख्तर ने शुद्ध इंडियम के नमूने पेरिस विज्ञान अकादमी के सामने पेश किए और उनकी कीमत 800 पाउंड बतायी। उन दोनों के हिसाब से यह काफी ज्यादा पैसा था।

इंडियम की खोज के तुरंत बाद इसके रासायनिक गुणों का वर्णन किया गया, परंतु पहली बार इसका परमाणु भार गलत निश्चित किया गया (75.6)। मेंडेलीफ इस निष्कर्ष पर पहुँचे कि इस परमाणु भार से इंडियम को आवर्त सारणी में ठीक जगह नहीं दी जा सकती, अतः उन्होंने इसका मान डेढ़ गुना करने का प्रस्ताव रखा। मेंडेलीफ की बात ठीक निकली तथा इंडियम को आवर्त सारणी-के तीसरे ग्रुप में स्थान दिया गया।

दुर्लभ मृदा तत्त्व

प्रसिद्ध फ्रेंच रसायनज्ञ उरबेन ने दुर्लभ मृदा तत्त्वों के इतिहास के बारे में निम्न शब्द कहेः "यह भ्रमों का समुद्र था तथा सत्य इसमें डूब गया था।" हालांकि वे अपने जोशीले स्वभाव के लिए प्रसिद्ध थे, परंतु इस बार उन्होंने बात जरा भी बढ़ा-चढ़ाकर नहीं कही। वास्तव में 30 साल के अर्से के दौरान (1878 से 1910 तक) नए दुर्लभ मृदा तत्त्वों की खोजों की 100 से भी ज्यादा खबरें सुनाई दीं और उनमें से केवल 10 खोजों की बात सच निकली। इसी वजह से दुर्लभ मृदा तत्त्वों की कहानी काफी उलझी हुई है तथा इसका वर्णन इतना सरल नहीं है।

लैन्थेनम (z=57) तथा अगले 14 लैन्थेनाइडों (सीरियम z= 58 से ल्यूटेशियम z=71 तक) की गिनती दुर्लभ मृदा तत्त्वों में की जाती है। इस सूची में दो नाम और शामिल किए जा सकते हैं : इट्रियम (z=39) तथा स्कैन्डियम (z=21)। इनके गुण लैन्थेनम से मिलते हैं तथा इनका दुर्लभ मृदा तत्त्वों के साथ ऐतिहासिक संबंध है। दुर्लभ मृदा तत्त्वों का इतिहास ही इट्रियम की खोज से शुरू होता है। स्कैन्डियम का इस अध्याय में संक्षिप्त वर्णन किया जा रहा है। नौवें अध्याय में इस तत्त्व की चर्चा विस्तारपूर्वक की जाएगी।

कुल मिलाकर दुर्लभ मृदा धातुएँ प्रकृति में उपस्थित सभी धातुओं का 1/5 हिस्सा हैं तथा इनकी खोजों में 113 साल लगे—1794 से (इट्रियम की खोज की तिथि) 1907 तक (ल्यूटेशियम की खोज की तिथि)। एक दुर्लभ मृदा तत्त्व प्रोमिथियम कृत्रिम ढंग से काफी देर बाद प्राप्त किया गया। दुर्लभ मृदा तत्त्वों के निराले गुणों के कारण, विशेषतया, उनकी रासायनिक समानता के कारण उनका इतिहास कुछ खास ही है। यही कारण है कि खनिजों तथा अयस्कों में ये सभी तत्त्व इकट्ठे मिलते हैं और इन्हें एक दसरे से अलग करना बड़ा टेढ़ा काम होता है। इसी वजह से दुर्लभ मृदा तत्त्वों का इतिहास झूठी खोजों की घटनाओं से भरा है

: नए घोषित तत्त्व इससे पहले खोजे गए तत्त्वों का मिश्रण साबित होते थे। कई बार तो सच्ची खोजें भी शुद्ध दुर्लभ मृदा तत्त्वों की उपस्थिति नहीं सिद्ध कर सकीं। नया तत्त्व अक्सर दो या ज्यादा अज्ञात दुर्लभ मृदा तत्त्वों का मिश्रण होता था। इसी कारणवश कुछ दुर्लभ मृदा तत्त्वों की खोजों की तिथियों का वर्णन अति सावधानी से करना पड़ेगा।

दुर्लभ मृदा तत्त्वों के इतिहास की एक और विशेष बात यह है कि सारे तत्त्व शुरू में ऑक्साइडों के रूप में प्राप्त किए गए। इसी वजह से इनका नाम 'दुर्लभ मृदा' प्रसिद्ध हो गया। पुराने जमाने में रसायनज्ञ ऑक्साइडों को मृदा कहते थे, जैसे, मैग्नीशियम, कैल्सियम (''क्षारीय मृदा'' के साथ तुलना कीजिए) तथा उन्होंने प्रथम मृदा तत्त्वों इट्रियम तथा सीरियम के ऑक्साइडों को इस नाम से पुकारा (आगे चलकर स्पष्ट हो गया कि यह विचार गलत था।)। दुर्लभ मृदा तत्त्व की खोजों के काफी अर्से बाद उन्हें शुद्ध धातु के रूप में प्राप्त किया गया। उदाहरण के लिए, कई भारी लैन्थेनाइड शुद्ध धातु के रूप में केवल द्वितीय विश्वयुद्ध के उपरांत प्राप्त किए गए। अतः अब हम जब भी किसी दुर्लभ मृदा तत्त्व की बात करें, तो पाठक यह समझें कि हमारा अभिप्राय उसके ऑक्साइड से है।

दुर्लभ मृदा तत्त्वों का आरंभिक इतिहास

1794 में फिनलैंड के एक रसायनज्ञ टूरकू (आबो) की यूनिवर्सिटी के प्रोफेसर यू. गादोलीन ने इटर्बाइट से एक अज्ञात धातु का ऑक्साइड प्राप्त किया, जिसका नाम उन्होंने इट्रियम रखा। यह खनिज सात वर्ष पूर्व स्वीडन के एक गाँव इटबाईट की एक पुरानी खान में मिला था। गाँव के नाम पर इस खनिज का नाम इटर्बाइट रख दिया गया (हालांकि बाद में वै0 गादोलीन के सुझाव पर इसका नाम बदल कर गैडोलिनाइट रख दिया गया)। इटर्बाइट शब्द के आधार पर तत्त्वों के नाम इट्रियम, ऐर्बियम, टेर्बियम तथा इटेर्बियम रखे गए।

उस जमाने के दूसरे रसायनज्ञों-विश्लेषकों—फ्रांसीसी रसायनज्ञ वोक्लेन तथा जर्मन वैज्ञानिक क्लाप्रोत ने भी विरल खनिज इटर्बाइट का अध्ययन शुरू कर दिया। इन दोनों रसायनज्ञों को भी इस खनिज में एक नया ऑक्साइड (मृदा) मिला, परंतु दोनों ने इसकी जो मात्रा पायी, वह बराबर नहीं थी। चूंकि दोनों वैज्ञानिकों ने एक ही विधि से विश्लेषण किया था, अतः उनके परिणामों में अंतर का केवल एक ही कारण हो सकता था : खनिज में एक और अज्ञात तत्त्व उपस्थित था जिसे इट्रियम से अलग करना बहुत मुश्किल था।

वास्तव में बात यही थी, परंतु यह अनजाना तत्त्व मिला एक दूसरे खनिज में। यह 1803 की बात है। वेर्जेलियस तथा हिजिन्गर को और उनसे स्वतंत्र रूप से क्लाप्रोत को नए तत्त्व का ऑक्साइड प्राप्त हुआ, जिसका नाम वैज्ञानिकों ने सीरियम रखा (1801 में खगोलज्ञ प्यात्सी द्वारा खोजे क्षुद्रग्रह 'सीरिस' के नाम पर)। खनिज को 'सीराइट' नाम से पुकारा जाने लगा। कई सालों तक गैडोलिनाइट तथा सीराइट दुर्लभ मृदा तत्त्वों के एकमात्र स्रोत बने रहे।

सीरियम इट्रियम से काफी मिलता-जुलता था, हालांकि इसके कुछ गुण इट्रियम के गुणों से अलग थे। परंतु अब यह ज्ञात हो चुका है कि जिस चीज को 'सीरियम' समझा जाता था, वह वास्तव में सीरियम दुर्लभ तत्त्वों का एक जटिल मिश्रण था (Ce से Gd तक) तथा जिस चीज को 'इट्रियम' समझा जाता था वह वास्तव में इट्रियम दुर्लभ मृदा तत्त्वों का मिश्रण था (Tb से Lu तक)। इस प्रकार 1794 में इट्रियम की तथा 1803 में सीरियम की खोज की बात गलत सिद्ध हो जाती है। 1826 में बेर्जेलियस के शिष्य मोसांदर को शक हुआ कि सीराइट से प्राप्त सीरियम शुद्ध नहीं था। परंतु अपने इस शक को विश्वास में बदलने में वैज्ञानिक ने पूरे 13 साल लगा दिए।

लैन्थेनम और डाइडिमियम, टेर्बियम और ऐर्बियम

मोसांदर द्वारा दुर्लभ मृदा तत्त्वों का विस्तारपूर्वक अध्ययन शुरू करने से पहले वैज्ञानिकों ने इट्रियम तथा सीरियम पर बहुत कम ध्यान दिया था। दोनों को रासायनिक तत्त्वों की सूची में शामिल कर लिया गया था तथा इनके कुछ गुण ज्ञात किए जा चुके थे।

अगर हर नए तत्त्व की खोज के उपलक्ष्य में एक पौधा लगाने की प्रथा होती तो इस काल्पनिक बाग में इट्रियम तथा सीरियम काफी जवान पौधे लगते। इस सादृश्य को जारी रखने के लिए 1839 के बाद सत्तर साल तक इन जवान पौधों की शाखाओं की संख्या लगातार बढ़ती रही।

सीरियम का ध्यानपूर्वक अध्ययन करने के बाद मोसांदर इस निष्कर्ष पर पहुँचे कि इसके अंदर दो और नए तत्त्व-लैन्थेनम (La) तथा डाइडिमियम (Di) उपस्थित हैं। 'लैन्थेनम' यूनानी भाषा से लिया गया है जिसका अर्थ होता है—'छिपा रहना' और यह बात है भी सच। लैन्थेनम काफी अर्से तक अनुसंधानकर्ताओं की निगाहों से बचा रहा। यूनानी भाषा में 'डाइडिमियम' का अर्थ होता है—'जुड़वाँ'; क्योंकि वह लैन्थेनम से बिल्कुल मिलता था। यह मोसांदर के दिमाग का कमाल

था कि उन्होंने यह दिखा दिया कि लैन्थेनम तथा डाइडिमियम दो विभिन्न तत्त्व थे। सीरियम के पेड़ की शाखाएँ निम्न प्रकार में दिखाई जा सकती हैं :

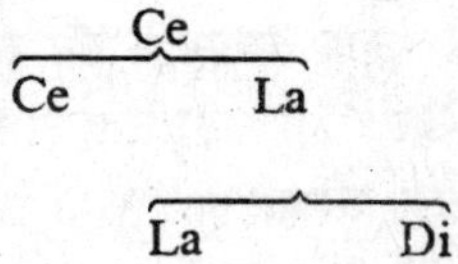

आगे चलकर कई शोधकर्ताओं ने सीरियम तथा लैन्थेनम की रासायनिक विशिष्टता समझने की कोशिशें कीं। वे इन तत्त्वों की जटिलता सिद्ध करना चाहते थे। परंतु मोसांदर को वास्तव में इन तत्त्वों के अपेक्षाकृत शुद्ध ऑक्साइड प्राप्त हो गए। जहाँ तक डाइडिमियम का सवाल है, तो इसकी कहानी बिल्कुल अलग है। आपको इस तत्त्व का चिह्न आधुनिक आवर्त सारणी में कहीं भी दिखाई नहीं देगा। इस तत्त्व की दास्तान काफी लंबी है और हम इसका वर्णन बाद में करेंगे। यहाँ हम केवल इतना बताना चाहेंगे कि सीरियम की जीवनी की वास्तविक शुरूआत सन् 1839 में हुई। इट्रियम के बारे में भी यही कहा जा सकता है। सीरियम के विखंडन में सफल होने के बाद 1843 में मोसांदर ने इट्रियट का अध्ययन शुरू कर दिया। गादोलीन द्वारा आविष्कृत पुराने इट्रियम ने अपना असली सार दिखा दिया। सच कहा जाए, तो इसमें 3 तत्त्व पाए गए थे : खुद इट्रियम तथा इससे मिलते-जुलते टेर्बियम और ऐर्बियम। इससे निम्न तालिका द्वारा दर्शा सकते हैं :

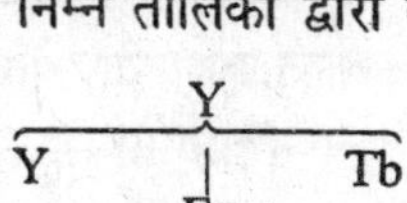

इट्रियम ने अपनी विशिष्टता को बाद में दिखाया। यह बात अस्पष्ट है कि मोसांदर के पास शुद्ध टेर्बियम था या नहीं। ऐर्बियम की किस्मत भी डाइडिमियम जैसी निकली। अतः तत्त्वों की खोजों की तिथियों में एक संशोधन और करना पड़ेगा : वास्तविक इट्रियम मोसांदर को 1843 में प्राप्त हुआ। अतः मोसांदर पहले व्यक्ति थे जिन्होंने दुर्लभ मृदा तत्त्वों के इतिहास की शुरूआत की।

मोसांदर के बाद ज्ञात दुर्लभ मृदा तत्त्वों की सूची में 40 साल तक कोई परिवर्तन नहीं आया। इन तत्त्वों का अध्ययन करते समय वैज्ञानिकों से अनगिनत गलतियाँ हुईं : उन्होंने ऑक्साइडों के सूत्र गलत बताए, परमाणु भार गलत निकाले। मेंडेलीफ को पक्का विश्वास था कि "यहाँ कुछ न कुछ गड़बड़ी जरूर

है।'', अंतः उन्होंने 1869 तक खोजे दुर्लभ मृदा तत्त्वों के परमाणु भारों के मानों को बदलने का प्रस्ताव रखा। आवर्त नियम के साहित्य से हमें पता चलता हे कि मेंडेलीफ की बात सच निकली, परंतु इससे दुर्लभ मृदा तत्त्वों के इतिहास पर कोई असर नहीं पड़ा। इन तत्त्वों के गुण इतने ज्यादा समान थे कि इन्हें एक-दूसरे से अलग करना बड़ा मुश्किल साबित हो रहा था। बस, इसी तरह से एक विरोधाभास पैदा हो गया : तत्त्वों के मिश्रण को एक तत्त्व समझा जाने लगा या इसके विपरीत नए आविष्कृत तत्त्व अनेक तत्त्वों के मिश्रण निकले।

स्पेक्ट्रमदर्शी विश्लेषण भी, जिसने नए तत्त्वों की खोज में अति महत्त्वपूर्ण भूमिका निभायी, दुर्लभ तत्त्वों के इतिहास में कोई ज्यादा काम का साबित नहीं हुआ। इस विधि के प्रयोग से सही परिणामों की तुलना में गलत परिणाम अधिक निकले।

'इटेर्बियम' स्कैन्डियम, 'हॉलमियम', थूलियम

मोसांदर के बाद चार दशकों तक 'दुर्लभ मृदा' वृक्ष पर एक भी नयी शाखा नहीं उगी। इसके कई कारण थे। वैज्ञानिक दुर्लभ मृदा तत्त्वों के रसायन की सनक के आदी नहीं हो पाए थे। इन तत्त्वों को एक दूसरे से अलग करने की विधि इनके लवणों की विलेयता में अंतर पर आधारित थी हालांकि यह अंतर बहुत छोटा सा था। अतः एक दुर्लभ मृदा को दूसरी मृदा से पूरी तरह से अलग करने के लिए पुनः क्रिस्टलीकरण के सैकड़ों एक जैसे कार्य करने आवश्यक थे।

बहुत थोड़े दुर्लभ मृदा खनिज ज्ञात थे : गैडोलिनाइट तथा सीराइट बहुत विरल थे तथा बाकी (उनकी कुल संख्या 10 के लगभग थी) इतने ज्यादा विरल थे कि केवल संग्रहालय में रखे जा सकते थे।

फिर भी नयी खोजों का युग आ गया था तथा इट्रियम वृक्ष पर पहली शाखाएँ उग आयी थीं। काफी अर्से तक वैज्ञानिकों को मोसांदर के ऐर्बियम पर संदेह होता रहा, परंतु केवल 1878 में स्विटजरलैंड के एक वैज्ञानिक मारिग्नाक ने ऐर्बियम से एक नया तत्त्व अलग किया, जिसका नाम उन्होंने 'इटेबिर्यम' रखा (इटेर्बू गाँव के नाम पर)।

यहाँ तथा इस उप-अध्याय के शीर्षक में हम 'इटेर्बियम' शब्द को उद्धरण चिह्नों के बीच लिख रहे हैं। इसकी वजह यह है कि वास्तविकता में यह एक अलग रासायनिक तत्त्व नहीं था, बल्कि कुछ दुर्लभ मृदा तत्त्वों का मिश्रण होता था, हम उस तत्त्व का नाम उद्धरण चिह्नों के बीच लिखेंगे। इसका मतलब यह हुआ कि

1878 इटेर्बियम की खोज की असली तिथि नहीं मानी जा सकती।

अगले साल स्वीडिश रसायनज्ञ नील्सन ने यह सिद्ध कर दिया कि 'इटेर्बियम' एक मिश्रण था; उन्होंने इसके आंशिक तत्त्व का आविष्कार किया जिसका नाम स्कैंडिनेविया के सम्मान में 'स्कैन्डियम' रखा। इस प्रकार ऐर्बियम ऋण 'इटेर्बियम', ऋण स्कैन्डियम...। क्या अब ऐर्बियम को अशुद्धिरहित माना जा सकता था? 1879 में नील्सन के देशभाई क्लेवे ने यह स्थापित किया कि 'इटेर्बियम' तथा स्कैन्डियम के बिना भी ऐर्बियम एक मिश्रण था। क्लेवे ने इसे तीन हिस्सों में विभाजित कर दिया : ऐर्बियम, 'हॉलमियम' तथा थूलियम में। 'हॉलमियम' का नाम स्टकाहोल्म के प्राचीन नाम के सम्मान में तथा थूलियम एक कल्पित देश थूला के नाम पर रखा गया (किवदंती के अनुसार यह देश दुनिया के कोने पर स्थित था)। वास्तव में थूलियम प्राप्त करना उतना ही मुश्किल था जितना इस दूरवर्ती तथा रहस्यमयी देश थूला तक पहुँचना।

1879 में अशुद्धियों रहित ऐर्बियम का रासायनिक व्यक्तित्व साबित कर दिया गया। अतः 1843 की जगह इस साल को इस तत्त्व की खोज की तिथि माना जाएगा। थूलियम भी उतना ही शुद्ध निकला, परंतु 'हॉलमियम' का असली जन्म होना बाकी था। इस प्रकार इट्रियम वृक्ष में दो साल के अंदर बहुत सारी शाखाएँ उग आयीं :

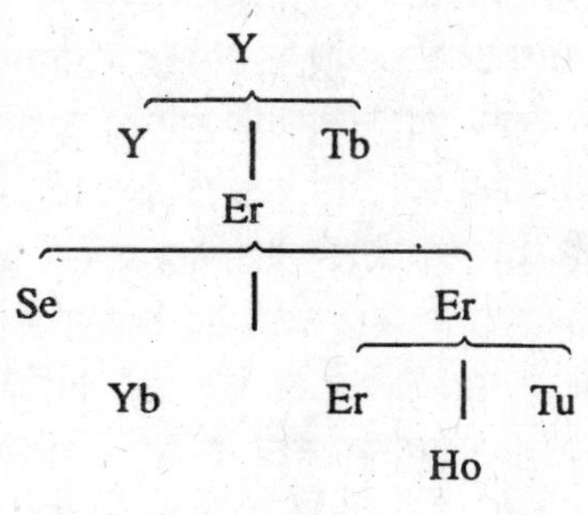

तत्त्वों की खोज के इतिहास में कुछ उभार काल होते हैं। दुर्लभ मृदा तत्त्वों के इतिहास में दो शानदार सालों का जमाना 1878-1879 ऐसा था। इस अर्से के दौरान एक और अति महत्त्वपूर्ण घटना घटी : उत्तरी अमरीका में एक और नए दुर्लभ मृदा खनिज समार्स्काइट के निक्षेप मिले। पाठकों को यह जानकार आश्चर्य होगा कि यह नाम रूसी मूल से लिया गया है। इस घटना से कुछ साल पहले

सातवें दशक के मध्य में यूराल में एक जटिल गठन वाला खनिज मिला था जिसमें दुर्लभ मृदाएँ उपस्थित थीं। इस खनिज का नाम रूसी खनन इंजिनियर समार्स्की के नाम पर रखा गया। अमरीकी खनिज यूराली खनिज का सदृशरूप था।

इस घटना का असली महत्त्व आँकना असंभव है। समार्स्काइट की खोज से दुर्लभ मृदाओं के कच्चे माल की कमी दूर की गयी। यह खनिज कई रासायनिक प्रयोगशालाओं में उपयोग होने लगा। वैज्ञानिकों के पास जब माल की पर्याप्त मात्रा होती है, तब वे अधिक शुद्धता से प्रयोग कर सकते हैं तथा प्राप्त परिणामों की जाँच भली भाँति कर सकते हैं। समार्स्काइट नए दुर्लभ मृदा तत्त्वों का स्रोत बन गया।

और अंत में उन्नीसवीं शताब्दी के आठवें दशक के आखिर में स्पेक्ट्रमदर्शी विधि अपनाने में वैज्ञानिक दक्ष हो गए तथा उन्होंने इसे नए दुर्लभ मृदा तत्त्वों की खोज का शक्तिशाली आधार बना दिया। परंतु यहाँ भी गलतियों से छुटकारा पाना मुश्किल था, क्योंकि अलग-अलग दुर्लभ मृदा तत्त्वों के स्पेक्ट्रम एक दूसरे के साथ उतना ही मिलते-जुलते थे जितने उनके रासायनिक गुण।

‘डाइडिमियम’ का अंत, ‘समेरियम, नियोडिमियम तथा प्रेसियोडिमियम

दुर्लभ मृदा तत्त्वों के इतिहास का सबसे अद्वितीय पृष्ठ ‘डाइडिमियम’ ने लिखा होगा। लैन्थेनम के साथ इसकी अपूर्व रासायनिक समानता देखकर वैज्ञानिक इस निष्कर्ष पर पहुँचे कि दुर्लभ मृदा तत्त्वों का रसायन अकार्बनिक रसायन की एक अतिविशेष शाखा है। काफी लंबे अर्से तक ‘डाइडिमियम’ पर बहुत विश्वास बना रहा। पिछली शताब्दी के मध्य में छपे वैज्ञानिक जर्नलों में हमें कहीं भी यह पढ़ने को नहीं मिलता कि ‘डाइडिमियम’ तत्त्वों का मिश्रण है।

मेंडेलीफ ने अपनी आवर्त सारणी में सूत्र Di शामिल कर लिया और ‘डाइडिमियम’ को एक स्वतंत्र रासायनिक तत्त्व के रूप में मान्यता दे दी, हालांकि महान् रूसी वैज्ञानिक को दुर्लभ मृदा तत्त्वों पर काफी संदेह था। (उदाहरण के लिए, उन्होंने टेर्बियम का अस्तित्व स्वीकार नहीं किया)।

समार्स्काइट के अध्ययन ने ‘डाइडिमियम’ को मौत की सजा सुना दी। 1878 के अंत में फ्रेंच रसायनज्ञ डेलाफोन्टेन ने स्पेक्ट्रमदर्शी विधि द्वारा इस खनिज से प्राप्त डाइडिमियम के नमूनों का अध्ययन शुरू किया। उसे इसके स्पेक्ट्रम में दो नयी रेखाएँ दिखाई दीं। उन दिनों यह सिद्धांत प्रचलित था :

"स्पेक्ट्रम में एक नयी रेखा नए तत्त्व के अस्तित्व का प्रमाण है।" डेलाफोन्टेन ने भी इस सिद्धांत का पालन किया। उनके विचारानुसार स्पेक्ट्रम में नयी रेखाओं के प्रकट होने का कारण 'डाइडिमियम' में उपस्थित एक तत्त्व था जिसकी उस वक्त तक खोज नहीं हुई थी। उन्होंने इस नए तत्त्व का नाम 'डेसीपीयम' रखा जिसका लातीनी अर्थ होता है–'धोखा देना', 'मूर्ख बनाना'। इसका यह नाम व्यंग्यात्मक साबित हुआ। 'डेसीपीयम' ने डेलाफोन्टेन को धोखा दिया; यह कई ज्ञात तथा अज्ञात दुर्लभ मृदा धातुओं का मिश्रण निकला।

1879 में एक फ्रेंच वैज्ञानिक लेकॉक डि बुओबोडरान ने 'डेसीपीयम' को फांसी की सजा सुना दी। इस वैज्ञानिक ने नए दुर्लभ मृदा तत्त्वों की खोज में महत्त्वपूर्ण भूमिका निभायी। अगले अध्याय में हम बताएँगे कि उन्होंने किस तरह से एक नए तत्त्व गैलियम की खोज की जिसकी उपस्थिति की भविष्यवाणी मेंडेलीफ ने की थी। डि बुआबोडरान ने समार्स्काइट से 'डाइडिमियम' प्राप्त करके उसका स्पेक्ट्रमदर्शी विधि से अति बारीकी से अध्ययन किया। गैलियम के आविष्कारक डि बुआबोडरान डेलाफोन्टेन से बेहतर प्रयोगकर्ता निकले। उन्होंने यह सिद्ध कर दिया कि 'डाइडिमियम' में अशुद्धियाँ उपस्थित थीं। उन्होंने इन अशुद्धियों को अलग करने में सफलता प्राप्त की। वैज्ञानिक ने इस नए तत्त्व का नाम 'समेरियम' रखा (समार्स्काइट शब्द के आधार पर)। परंतु डि बुओबोडरान को यह पता नहीं था कि 'समेरियम' खुद भी तत्त्वों का मिश्रण है। मारिग्राक ने तुरंत उनकी खोज की पुष्टि कर दी। 'समेरियम' के पुनः क्रिस्टलीकरण से उन्होंने इसके दो प्रभाजी अलग किए जिन्हें Y_a तथा Y_b चिह्नों से अंकित किया (इट्रियम के चिह्न Y से भिन्न रखने के लिए)। दूसरे प्रभाजी का स्पेक्ट्रम डि बुआबोडरान के 'समेरियम' के स्पेक्ट्रम जैसा था। और पहले प्रभाजी का? इसकी चर्चा थोड़ी देर बाद करेंगे।

इस प्रकार हम देख रहे हैं कि अभाज्य 'डाइडिमियम' की जगह 'डाइडिमियम' तथा 'समेरियम' प्राप्त हो गए। अब 'डाइडिमियम' से उद्धरण चिह्न हटा क्यों न दिए जाएँ? अब शायद उसे अपना व्यक्तित्व मिल गया हो?

यहाँ हमारे किस्से में एक नया नाम आता है–चेकोस्लोवाकिया के वासी, रसायनज्ञ ब्राउनर का, जो मेंडेलीफ के अच्छे दोस्त तथा उनकी आवर्त सारणी के समर्थक थे। 1875 से ब्राउनर डटकर 'डाइडिमियम' के अध्ययन में जुट गए। उनका उद्देश्य यह सिद्ध करना था कि यह तत्त्व पंचसंयोजी अवस्था तक उपचयित किया जा सकता है। इस प्रश्न के सकारात्मक उत्तर से Di आवर्त सारणी के पाँचवे

ग्रुप में रखा जा सकता था क्योंकि तीसरे या चौथे ग्रुप में इसके लिए कोई जगह नहीं बची थी। इससे दुर्लभ मृदा तत्त्वों को आवर्त सारणी में रखने की जटिल समस्या का हल भी मिल जाता।

स्वाभाविक था कि ब्राउनर को पंचसंयोजी 'डाइडिमियम' नहीं मिला। आज हम जानते हैं कि लैन्थेनाइड इस अवस्था तक उपचयित नहीं किए जा सकते। परंतु 'डाइडिमियम' का परमाणु भार ज्ञात करते समय ब्राउनर ने इस तत्त्व को अधिक-से-अधिक शुद्ध रूप में प्राप्त करने का फैसला किया। उन्हें यह पता चला कि 'समेरियम' से अलग किया 'डाइडिमियम' तीन प्रभाज़ियों में विभक्त किया जा सकता था जिनके अणु भारों में थोड़ा फर्क था। ब्राउनर 1883 में इस निष्कर्ष पर पहुँचे परंतु कुछ कारणों से उन्हें अपना अनुसंधान कार्य बंद करना पड़ा। यह बड़े दुख की बात है क्योंकि वे 'डाइडिमियम' पर पुराने दृष्टिकोण के खंडन तक लगभग पहुँच चुके थे।

यह सम्मान आस्ट्रिया के एक रसायनज्ञ आउएर वान वैल्सबाख को मिला जिन्होंने दुर्लभ मृदा तत्त्वों के रसायन में महत्त्वपूर्ण योगदान दिया। उस वक्त तक दुर्लभ मृदाओं के व्यावहारिक उपयोग की कोई जानकारी नहीं थी। बाउएर वान वैल्सबाख ने औद्योगिक जगत् की इन तत्त्वों में रुचि जगायी। उस वक्त सारी दुनिया गैस रोशनी का इस्तेमाल कर रही थी। 1883 में वैज्ञानिक ने एक नए तापदीप्त मेन्टल की खोज की जिसे एक विशेष मिश्रण द्वारा संसेचित किया गया था। इस मिश्रण में दुर्लभ मृदा तत्त्वों के लवण मिलाए गए थे। इन लवणों से प्रकाश की चमक बहुत ज्यादा बढ़ गयी तथा मेन्टल की कार्य-अवधि भी काफी ज्यादा हो गयीं इस मेन्टल को 'बाउएर मेन्टल' के नाम से जाना जाने लगा। उद्योग जगत् ने सैकड़ों किलोग्राम दुर्लभ मृदा तत्त्वों की माँग की जिसके कारण नए निक्षेपों की खोज की प्रेरणा मिली। 1886 में ब्राजील में मोनेजाइट रेत के विस्तृत निक्षेप मिले जिनमें दुर्लभ मृदा तत्त्व उपस्थित थे। इन निक्षेपों ने रसायनज्ञों की जरूरत भी हमेशा के लिए पूरी कर दी।

जून 1885 को बाउएर वान वैल्सबाख ने वियेना की विज्ञान अकादमी को इस बात की सूचना दी कि उन्होंने 'डाइडिमियम' को दो घटकों में विभाजित कर दिया है। उन्होंने एक का नाम प्रेसियोडिमियम (यूनानी भाषा में इसका अर्थ 'हलका-हरा जुड़वा' होता है क्योंकि इसके लवणों का रंग हलका-हरा था) तथा दूसरे का नाम नियोडिमियम (नया जुड़वां) रखा। पुराने 'डाइडिमियम' का नाम तक नहीं बचा! सीरियम दुर्लभ मृदा वृक्ष अब इस प्रकार दिखाई दे रहा था :

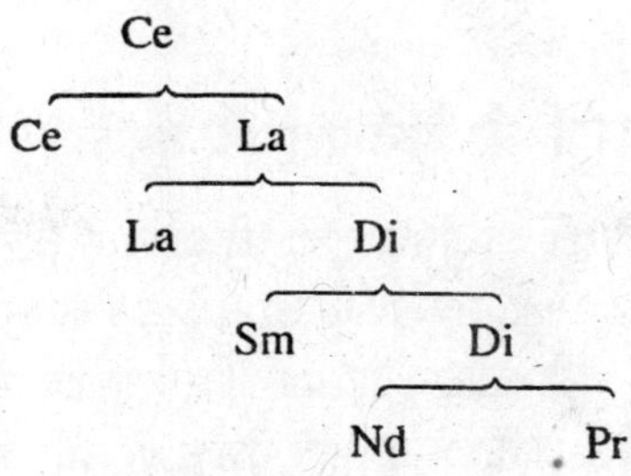

गैडोलिनियम और डिसप्रोसियम

इन दो तत्त्वों से उन्नीसवीं शताब्दी में दुर्लभ मृदा तत्त्वों की खोज का इतिहास पूरा हो जाता है। इनमें से एक तत्त्व गैडोलिनियम की खोज में मुख्य भूमिका मारिग्नाक ने निभायी।

हम बता ही चुके हैं कि मारिग्नाक 'समेरियम' को दो प्रभाजियों में विभाजित करने में सफल हो गए थे : Y_α तथा Y_β। प्रभाजी के साथ कोई दिक्कत नहीं हुई, परंतु Y_α ने काफी तंग किया। मारिग्नाक में इतना साहस नहीं था कि वे इस प्रभाजी को एक नया तत्त्व मान लें। 1886 में डि बुआबोड्रान इस निष्कर्ष पर पहुँचे। उन्होंने इस तत्त्व का नाम गैडोलिनियम (दुर्लभ मृदा तत्त्वों के रसायन के पायनिर गाडोलिन के सम्मान में) रखने का फैसला किया और मारिग्नाक से इसकी अनुमति माँगी। बुआबोडरान को उनकी अनुमति मिल गयी, परंतु विशेष बात यह थी कि मारिग्नाक ने कभी भी इस ख़ोज का श्रेय नहीं माँगा। यह शायद उनकी महानता थी। परंतु हमारे विचारानुसार गैडोलिनियम की खोज का श्रेय दोनों वैज्ञानिकों को मिलना चाहिए।

दूसरी तरफ इस बात में कोई संदेह नहीं है कि डिसप्रोसियम की खोज (1886) डि बुआबोडरान ने अकेले ही की। जब वैज्ञानिक काफी शुद्ध हॉलमियम प्राप्त करके उसके स्पेक्ट्रम का अध्ययन कर रहे थे, उन्हें दो नयी रेखाएँ दिखायी दीं जो एक अज्ञात तत्त्व की उपस्थिति की ओर संकेत कर रही थी। कई बार पुनः क्रिस्टलीकरण करके उन्होंने यह अशुद्धि अलग कर ली। इस प्रकार हॉलमियम की खोज की असली तिथि निश्चित हो गयी।

शब्द डिसप्रोसियम यूनानी भाषा से लिया गया है जिसका अर्थ है—"कठिनाई से उपलब्ध'। यह नाम ठीक ही है क्योंकि यह दुर्लभ मृदा तत्त्वों की खोज के

इतिहास की विशेषता है।

दुर्लभ मृदा तत्त्वों के इतिहास में घपला

अगर हम दुर्लभ मृदा तत्त्वों की आधुनिक सूची को ध्यान में देखते हैं तो यह पता चलता है कि अधिकांश तत्त्व 1886 तक खोजे जा चुके थे। केवल प्रोमिथियम अज्ञात था (इसकी खास वजह थी) तथा यूरोपियम और ल्यूटेशियम की खोज 20वीं शताब्दी में होनी थी। पिछली शताब्दी के नौवें दशक के मध्य में अधिकांश दुर्लभ मृदा तत्त्व खोजे जा चुके थे, केवल थोड़े से तत्त्वों की खोज बाकी थी, परंतु यह बात कौन सोच सकता था? कौन यह विश्वास दिला सकता था कि दुर्लभ मृदा तत्त्वों के प्राकृतिक खजाने खाली हो चुके हैं?

इसके विपरीत वैज्ञानिक लोग नई दुर्लभ मृदाओं की खोज की आशा लगाए बैठे थे। समेरियम, गैडोलिनियम, प्रेसियोडियम, नियोडिमियम, हॉलमियम तथा थूलियम की खोजों से उनकी हिम्मत काफी बढ़ गयी थी। उनकी आशाओं पर पाबंदी लगाना आसान काम नहीं था। आवर्त सारणी में दुर्लभ मृदा तत्त्वों को बेरियम और टैन्टेलम के बीच बहुत खाली जगह दे दी गयी। उनके परमाणु भारों में अंतर 45 इकाई था। इस जगह में बहुत सारे दुर्लभ मृदा तत्त्व, ज्ञात और अज्ञात, समा सकते थे। परंतु यह कोई नहीं बता सका कि इनकी कुल संख्या कितनी है। बीस, तीस या चालीस–कोई भी संख्या ठीक निकल सकती थी इस अनिश्चितता के कारण नए दुर्लभ मृदा तत्त्वों की अनगिनत खोजों में बहुत सहायता मिली।

बहुत सारे विख्यात वैज्ञानिक ज्ञात दुर्लभ मृदा तत्त्वों के विखंडन में जुट गए तथा उन्हें अपने प्रयोगों से बढ़िया परिणाम मिले, परंतु कुछ अर्से बाद इन वैज्ञानिकों ने खुद ही अपने परिणामों को गलत घोषित कर दिया। स्कैन्डियम के आविष्कारक नील्सन तथा उनके सहायक क्रूस ने 1887 में बड़े विश्वास के साथ यह घोषणा की कि हॉलमियम चार अवयवों में तथा डिस्प्रोसियम तीन अवयवों में विभाजित किया जा सकता है। इसका मतलब यह हुआ कि एक साथ सात नए दुर्लभ मृदा तत्त्व पैदा हो गए। ब्राउनर जैसा सावधान वैज्ञानिक भी भ्रम में पड़ गया। उन्होंने सीरियम में एक अशुद्धि ढूँढ़ी जिसका नाम मेटासीरियम रखा। इस तरह के कई और उदाहरण दिए जा सकते हैं।

वैज्ञानिक स्पेक्ट्रमदर्शी विधि पर कुछ ज्यादा ही विश्वास करने लगे थे : जैसे ही उन्हें स्पेक्ट्रम में कोई नयी रेखा दिखाई देती, वे तुरंत एक नए तत्त्व की खोज

की घोषणा कर देते। उन दिनों स्पेक्ट्रमदर्शी विधि इतनी ज्यादा विकसित नहीं हुई थी तथा हमेशा यह स्थापित करना असंभव था कि नयी रेखा वास्तव में नए तत्त्व के कारण उत्पन्न हुई थी या किसी ज्ञात तत्त्व की अशुद्धि का सबूत थी। दुर्लभ मृदा तत्त्वों की झूठी खोजों का मुख्य कारण शायद यही था। एक कारण और भी था और वह यह कि विभाजन की विधियों की संख्या सीमित थी : आंशिक क्रिस्टलीकरण तथा आंशिक अवक्षेपण। पहली विधि दुर्लभ मृदा तत्त्वों के लवणों की विलेयता की विविधता पर आधारित थी तथा दूसरी–उनकी क्षारकता की विविधता पर। यह कैसे सिद्ध किया जाए कि प्राप्त चीज शुद्ध दुर्लभ मृदा थी या उसमें अशुद्धियाँ उपस्थित थीं? इसके लिए समय-समय पर प्राप्त दुर्लभ मृदा तत्त्व के ऑक्साइड का परमाणु भार निश्चित करना चाहिए था। अगर यह लगभग स्थायी रहता था तो वास्तविकता पता चल जाती थी। परंतु इस विधि में समय बहुत लगता था तथा यह काफी भारी भी थी।

1880 के आसपास मेंडेलीफ के आवर्त नियम तथा आवर्त प्रणाली को विस्तृत मान्यता मिल गयी थी। अब हर नए तत्त्व को आवर्त सारणी में रखना जरूरी था। परंतु लगभग सभी दुर्लभ मृदा तत्त्व इस सारणी से बाहर रहे। इसका कारण यह नहीं था कि आवर्त सारणी में उनके लिए खाली जगह नहीं थी। जहाँ एक जगह का सवाल था तो बेरियम और टैन्टेलम के बीच ढेर सारे खाने खाली थे। बात यह थी कि ये खाने दुर्लभ मृदा तत्त्वों के गुणों के अनुकूल नहीं थे। अगर इन तत्त्वों को सारणी के अलग-अलग ग्रुपों में रख दिया जाता तो इसका मतलब यह होता कि तीसरे और चौथे ग्रुप के अलावा बाकी सभी ग्रुपों में असंगत तत्त्व उपस्थित हैं। इसी वजह से ब्राउनर ने बड़ी मेहनत करके यह सिद्ध करने का प्रयत्न किया कि डाइडिमियम पंचसंयोजक था। चूंकि ये तत्त्व आवर्त सारणी का विरोध कर रहे थे, अतः गलतियाँ होनी स्वाभाविक थीं। पहली बार रासायनिक तत्त्वों के इतिहास में यह धारणा प्रस्तुत की गयी कि दुर्लभ मृदा तत्त्व साधारण तत्त्व नहीं हैं, लेकिन वे इन तत्त्वों की किस्में जैसी हैं। इसीलिए इन (किस्मों) के गुणों में इतनी ज्यादा समानता है।

यह विचार उस व्यक्ति की देन था जिसका नाम पहले आ चुका है तथा आगे भी कई बार लिया जाएगा। हमारा अभिप्राय थैलियम के आविष्कारक अंग्रेज वैज्ञानिक क्रूक्स से है। क्रूक्स का विचार था कि दुर्लभ मृदा तत्त्व साधारण तत्त्वों के रूपांतरण थे। उन्होंने इनका नाम मेटातत्त्व रखा। क्रूक्स स्पेक्ट्रमदर्शी विश्लेषण के परिणामों से इस निष्कर्ष पर पहुँचे थे, परंतु यहाँ स्पेक्ट्रमदर्शी वैश्लेषिक विधि

ने उनको धोखा दिया। डि बुआबोडरान ने यह सिद्ध कर दिया कि क्रूक्स के प्रेक्षण गलत थे।

इस प्रकार मेटातत्त्व सिद्धांत की जड़ हमेशा के लिए उखाड़ दी गयी। परंतु कभी-कभी अतिकाल्पनिक विचारों में कुछ सच्चाई भी हो सकती है। साधारण तत्त्वों को मेटातत्त्वों का मिश्रण समझते हुए क्रूक्स ने हर तत्त्व के परमाणुओं की विविधता पर विश्वास किया। इसलिए उन्होंने शब्द 'तत्त्व' की जगह 'तात्विक ग्रुप' शब्दों के प्रयोग का प्रस्ताव पेश किया।

उनके इस विश्वास में भविष्यवाणी निहित थी, आज हम क्रूक्स की कल्पना की तुलना इस धारणा के साथ कर सकते हैं कि बहुत सारे रासायनिक तत्त्व समस्थानिकों के मिश्रण होते हैं। हम देखेंगे कि क्रूक्स को कितनी परिशुद्धता के साथ तत्त्वों की समस्थानिक प्रकृति का पूर्वज्ञान हो गया था।

हमने उन्नीसवीं शताब्दी के अंत को दुर्लभ मृदा तत्त्वों के इतिहास में 'घपले का जमाना' कहा है। परंतु धीरे-धीरे वैज्ञानिकों को सच्चाई पता चलती गयी। कुछ वैज्ञानिकों ने संभव दुर्लभ मृदा तत्त्वों की संख्या लगभग ठीक निकाली। उदाहरणार्थ, डेनमार्क के भौतिकविद् थामसन का निशाना ठीक निकला : उन्होंने इनकी संख्या 15 बतायी। ये वही थामसन थे जिन्होंने मेंडेलीफ को आवर्त सारणी के लिए 'सीढ़ीदार रूप' के इस्तेमाल का सुझाव दिया जो स्वीकार किया गया। ब्राउनर ने सभी दुर्लभ मृदा तत्त्वों को एक ग्रुप में रखने का सुझाव दिया, जिसमें इन्हें आज देख रहे हैं।

सन् 1900 में पेरिस में आयोजित विश्व प्रदर्शनी में लैन्थेनम, सीरियम तथा नियोडिमियम धातु नमूने के रूप में प्रदर्शित किए गए जो विज्ञान और तकनीक के क्षेत्र में महान् उपलब्धि के प्रतीक थे।

इटेर्बियम और ल्यूटेशियम

इस अध्याय के आरंभ में हमने फ्रेंच रसायनज्ञ उरबेन की चर्चा की है जिन्होंने दुर्लभ मृदा तत्त्वों के रसायन के विकास में महत्त्वपूर्ण भूमिका निभायी। इस वैज्ञानिक ने इन तत्त्वों को एक दूसरे से अलग करने की विधियाँ विकसित कीं, कुछ तत्त्वों के अतिशुद्ध ऑक्साइड प्राप्त किए (शुद्ध थूलियम प्राप्त करने के लिए उन्होंने 15000 बार पुनः क्रिस्टलीकरण किया) तथा इन तत्त्वों के परमाणुक द्रव्यमानों के मानों की सही जाँच की, परंतु इन्हें नया तत्त्व खोजने में किसी भी तरह से सफलता नहीं मिल रही थी।

केवल 1907 में इनकी किस्मत ने साथ दिया। वैज्ञानिक ने यह सिद्ध कर दिखाया है कि मारिग्नक का पुराना 'इटेर्बियम' दो तत्त्वों का मिश्रण था। उरबेन ने इनमें से एक का नाम वही रहने दिया। अतः 'इटेर्बियम' की सही जन्मतिथि 1907 है। उन्होंने दूसरे तत्त्व का नाम ल्यूटेशियम (पेरिस के प्राचीन नाम-ल्यूटेशिया के सम्मान में) रखा।

यह पता चला कि जिन दिनों उरबेन 'इटेर्बियम' के साथ काम कर रहे थे, वान वैल्सबाख (जो डाइडिमियम से इन्कार कर रहे थे) भी इसी तरह का प्रयोग कर रहे थे। आस्ट्रिया के इस रसायनज्ञ ने 'इटेर्बियम' का विखंडन करके इस नाम की उपेक्षा करते हुए इसके अवयवों को 'एल्डिबेरेनियम' और 'कैसिओपियम' नाम से पुकारा। उन्होंने ये नाम खगोल-विज्ञान शब्दावली से लिए।

परंतु उरबेन का लेख वान वेल्सबाख के काम की खबर से कुछ महीने पहले छपा जिसके कारण उन्हें ल्यूटेशियम का खोजी माना जाता है। परंतु जर्मन वैज्ञानिक साहित्य में काफी अर्से तक 'कैसिओपियम' का नाम तथा Cp चिह्न प्रयुक्त होते रहे। बहुत सारे वैज्ञानिक वैल्सबाख के परिणामों को ज्यादा विश्वसनीय मानते थे। सीरियम के बाद दुर्लभ मृदा तत्त्वों के इतिहास में दूसरी बार ऐसी घटना घटी थी, जब दो अलग-अलग देशों के वैज्ञानिकों ने एक नए तत्त्व की खोज की प्राथमिकता का दावा किया। इन दोनों नामों के साथ एक नाम और भी जोड़ा जा सकता है और वह अमरीकी रसायनज्ञ जेम्स का। उन्होंने स्वतंत्र रूप से यह स्थापित किया कि 'इटेर्बियम' तत्त्वों का मिश्रण था, परंतु उन्होंने अपने प्रयोगों का वर्णन तब छापा, जब अमरीकी वैज्ञानिक उरबेन तथा वान वेल्सबाख के कार्यों से परिचित हो चुके थे।

ल्यूटेशियम अंतिम प्राकृतिक दुर्लभ मृदा तत्त्व साबित हुआ तथा इस तत्त्व से दुर्लभ मृदा की श्रेणी समाप्त हो जाती है। परंतु उरबेन इस बात से सहमत नहीं थे। 1911 में उन्होंने एक नए तत्त्व-सेल्तियम की खोंज की घोषणा की। उनके विचारानुसार यह तत्त्व आवर्त सारणी में ल्यूटेशियम के बाद होना चाहिए था। बाद में स्पष्ट हो गया कि उनका प्रयोग गलत था। उरबेन ने इस तत्त्व के स्पेक्ट्रम की गलत परिभाषा दी थी : नयी रेखाएँ वास्तविकता में ज्ञात तत्त्वों की रेखाएँ थीं।

दुर्लभ मृदा तत्त्वों के इतिहास से क्या सबक मिला?

दुर्लभ मृदा तत्त्वों के इतिहास से काफी शिक्षा मिलती है। इस इतिहास को दर्जनों आत्मत्यागी तथा मेहनती रसायनज्ञों की कई पीढ़ियों ने लिखा है तथा इसमें

उन लोगों के लिए कोई स्थान नहीं था जो बिना मेहनत के सफल होना चाहते थे। जुड़वाँ तत्त्व को एक दूसरे से अलग करने के लिए अनगिनत प्रयोगों की जरूरत थी जो केवल धैर्यवान् वैज्ञानिकों के बस का काम था।

दुर्लभ मृदा तत्त्वों का इतिहास एक समाकलन-प्रक्रम है तथा इसके किसी भी अंश को छोड़ा नहीं जा सकता। एक तत्त्व की खोज दूसरे तत्त्व की खोज का आधार बनती गयी। असंख्य गलतियाँ भी आगे चल कर काम की साबित हुईं। वैज्ञानिक लोग इन गलतियों से सबक लेते रहे, उन्होंने अपनी अनुसंधान-विधियाँ और ज्यादा विकसित कीं तथा अपने और अपने साथियों के परिणामों की जाँच की। एक नए तत्त्व की दोबारा खोज और कहीं इतनी ज्यादा महत्त्वपूर्ण साबित नहीं हुई, जितनी दुर्लभ मृदा तत्त्वों के इतिहास में। त्रुटियों के सागर से धीरे-धीरे सच्चाई बाहर निकाल दी गयी।

दुर्लभ मृदा तत्त्वों का इतिहास नए दुर्लभ मृदा खनिजों की खोजों पर बहुत ज्यादा निर्भर रहा। ऊपर हम समार्स्काइट तथा मोनेजाइट निक्षेपों के महत्त्व का वर्णन कर चुके हैं। इन निक्षेपों ने हमेशा के लिए वैज्ञानिकों की माँग पूरी कर दी। आपको दूसरे तत्त्वों के इतिहास में इतनी निर्भरता कहीं नहीं नजर आएगी। और अंततः किसी और तत्त्व ने आवर्त सारणी को इतना ज्यादा तंग नहीं किया जितना दुर्लभ मृदा तत्त्वों ने : इस बात की कोई जानकारी नहीं थी कि दुर्लभ मृदा तत्त्वों की कुल संख्या कितनी है तथा इनके रासायनिक गुण एक दूसरे से इतने ज्यादा क्यों मिलते हैं? केवल 1921 में इस समानता का कारण पता चला, जब डेनमार्क के वैज्ञानिक नील्स बोहर ने आवर्त प्रणाली के बारे में अपना सिद्धांत प्रस्तुत किया। इस भौतिकविद् ने उस समस्या को हल कर डाला जिसने काफी अर्से से रसायनज्ञों की नाक में दम कर रखा था। हमारे दिनों में भी वैज्ञानिकों में इस बात पर मतभेद हैं कि मेंडेलीफ की आवर्त सारणी में दुर्लभ मृदा तत्त्वों को सजाने का सबसे बढ़िया तरीका कौन सा है।

हीलियम और अन्य निष्क्रिय गैसें

छः निष्क्रिय (उत्कृष्ट) गैसें (अब इन्हें निष्क्रिय तत्त्व कहते हैं)–हीलियम, निऑन, आर्गान, क्रिप्टॉन, जीनॉन, रेडॉन–प्रकृति में अति विरल हैं। इन तत्त्वों की खोज के काफी बाद तक यह समझा जाता रहा कि ये तत्त्व रासायनिक यौगिक नहीं बना सकते हैं जिसकी वजह से इनका नाम उत्कृष्ट या निष्क्रिय गैसें रखा गया (रैमजे ने इनके लिए एक और नाम सुझाया–'विरल गैसें', परंतु यह नाम स्वीकार नहीं किया गया। विरलता तथा निष्क्रियता के कारण इन तत्त्वों की खोज काफी देर से हुई (उन्नीसवीं शताब्दी के बिल्कुल अंत में), जब भौतिक, विशेषतया, स्पेक्ट्रमदर्शी विश्लेषण तथा द्रव अवस्था में गैसों की प्राप्ति की विधियाँ काफी विकसित हो चुकी थीं। विशेष बात यह है कि सभी निष्क्रिय गैसें स्वतंत्र अवस्था में प्राप्त की गयीं (प्रकृति में ये केवल इसी अवस्था में मिलती हैं) तथा यह काम बहुत छोटे से अर्से में पूरा किया गया–1894 से 1900 के बीच। आर्गान, हीलियम, निऑन, क्रिस्टॉन तथा जीनॉन की खोज में सर्वाधिक महत्त्वपूर्ण भूमिका एक अंग्रेज भौतिकविद् तथा रसायनज्ञ रैमजे ने निभायी। इस वैज्ञानिक उपलब्धि के उपलक्ष में उन्हें नोबल पुरस्कार से सम्मानित किया गया (1904)।

हीलियम तथा रेडॉन की खोजों का इतिहास दूसरे निष्क्रिय तत्त्वों से अलग है। रेडॉन की खोज विघटनाभिकता के अध्ययन का परिणाम था। अगर बिल्कुल ठीक कहा जाए, तो यह विकिरणमापीय विधि के प्रयोग का नतीजा था। इसलिए इस तत्त्व की चर्चा हम अध्याय XI में करेंगे, जहाँ विघटनाभिक तत्त्वों की खोजों के इतिहास का वर्णन किया जाएगा। हीलियम की खोज का रासायनिक तत्त्वों के इतिहास में विशिष्ट स्थान है। बात यह है कि सन् 1868 में सौर ज्वालाओं के स्पेक्ट्रम में एक ऐसी रेखा उपस्थित पायी गयी, जो पृथ्वी पर ज्ञात किसी भी तत्त्व की रेखा से नहीं मिलती थी। इस तथ्य से बहुत सारे वैज्ञानिक यह विश्वास करने

लगे कि सूरज पर एक अज्ञात तत्त्व उपस्थित है। उन्होंने इस तत्त्व का नाम हीलियम रखा। इसके 27 साल बाद पृथ्वी पर पहली बार हीलियम प्राप्त किया गया।

हीलियम

हीलियम के विशिष्ट इतिहास ने बहुत सारे वैज्ञानिकों तथा विज्ञान के इतिहासकारों को आकर्षित किया। इसका परिणाम यह हुआ कि इसके इतिहास की असली घटनाओं का क्रम बिगड़ गया तथा उसमें कई ऐसी घटनाएँ शामिल कर दी गयीं जो कभी घटी नहीं थीं। इस तत्त्व के बारे में एक दंतकथा तक बना दी गयी—बड़ी सुंदर तथा प्रभावशील, परंतु यह सच से बहुत दूर थी।

फ्रेंच खगोलज्ञ जेन्सेन तथा अंग्रेज खगोलज्ञ लोक्येर हीलियम के आविष्कारक माने जाते हैं। इन वैज्ञानिकों ने 18 अगस्त 1868 को पूर्ण सूर्य ग्रहण का अध्ययन किया। हिंद महासागर के तटों से यह सूर्यग्रहण बड़ी अच्छी तरह से दिखाई दिया था। वैज्ञानिकों ने पेरिस विज्ञान अकादमी को पत्रों द्वारा इस बात की सूचना दी कि सूर्य-ग्रहण के दौरान सूर्य की फोटो को स्पेक्ट्रम में एक नयी पीले रंग की रेखा D_3 दिखायी दी जो किसी अज्ञात तत्त्व की रेखा थी। इस महान् घटना के सम्मान में (सूर्य पर एक नए तत्त्व की उपस्थिति) एक विशेष मेडल ढाला गया।

इस दिलचस्प कहानी की हर बात गलत निकली। केवल दो तारीखें ठीक थीं।

सबसे पहली बात तो यह कि अगस्त 1868 में लोक्येर हिंद महासागर के तट पर नहीं गए थे तथा उन्होंने पूर्ण सूर्य ग्रहण नहीं देखा था। जेन्सेन ने सूर्य का अध्ययन सूर्य ग्रहण के बाद किया था। उनके द्वारा प्राप्त परिणाम खगोल-विज्ञान के लिए काफी महत्त्व रखते थे, परंतु भावी हीलियम की खोज के लिए काफी महत्त्वहीन थे। जेन्सेन प्रथम व्यक्ति थे जिन्होंने सौर ज्वालाओं का अध्ययन सूर्य-ग्रहण के दौरान नहीं, बल्कि साधारण परिस्थितियों में किया तथा उनकी प्रकृति का वर्णन किया। उन्होंने 24 अगस्त को पेरिस विज्ञान अकादमी के नाम जो तार भेजा, उसके शब्द निम्न थे : 'ग्रहण तथा ज्वालाओं का अध्ययन किया गया, स्पेक्ट्रम अद्वितीय तथा अप्रत्यशित है; ज्वालाएँ गैसीय प्रकृति की हैं।''

उस वक्त तक वैज्ञानिकों को ज्वालाओं की प्रकृति की सही जानकारी नहीं थी। अब उन्हें यह पता चल गया कि वे गैसीय पदार्थ के बादल थे तथा उनका

रासायनिक अवयवानुपात जटिल था। जेन्सेन ने अपने प्रेक्षण की विस्तारपूर्वक सूचना एक पत्र द्वारा पेरिस भेजी, परंतु इस पत्र को पेरिस पहुँचने में 40 दिन लग गए। एक अन्य फ्रेंच खगोलविद् रैये का पत्र उनके पत्र से दो हफ्ते पहले वहाँ पहुँच चुका था। उन्होंने भी ग्रहण का अध्ययन किया तथा ज्वालाओं के बारे में कुछ बातें लिखीं। इन दिनों लोक्येर क्या कर रहे थे? वे इंग्लैंड में बैठे एक विशेष स्पेक्ट्रमदर्शी द्वारा ज्वालाओं का अध्ययन कर रहे थे तथा उनके स्पेक्ट्रमों में रेखाओं की स्थिति निश्चित करने में व्यस्त थे। 23 अक्टूबर को उन्होंने पेरिस विज्ञान अकादमी को अपने काम के बारे में पत्र भेजा; संयोगवश उनका पत्र और जेन्सेन का पत्र एक ही वक्त पर पेरिस पहुँचे।

26 अक्टूबर के दिन पेरिस विज्ञान अकादमी की सभा में जेन्सेन तथा लोक्येर के पत्र पढ़े गए, परंतु इन पत्रों में सूर्य के अभिकल्पित तत्त्व के बारे में या हीलियम स्पेक्ट्रम के बारे में एक भी शब्द नहीं कहा गया था। केवल इतना बताया गया था कि पहली बार सूर्य-ग्रहण की परिस्थिति में नहीं, साधारण परिस्थिति में ज्वालाओं का अध्ययन किया गया था। इस घटना की याद में ऊपर बताया मेडल ढाला गया।

इस प्रकार यह स्पष्ट हो जाता है कि 18 अगस्त 1868 को जेन्सेन तथा लोक्येर ने कोई हीलियम नहीं खोजी। उनके प्रेक्षणों ने वैज्ञानिकों को सूर्य-ग्रहण से मुक्त परिस्थिति में इनकी ज्वालाओं के अध्ययन की प्रेरणा जरूर दी। कई वैज्ञानिकों ने इस दिशा में अनुसंधान-कार्य शुरू कर दिए। बस, तभी यह देखा गया कि ज्वालाओं के स्पेक्ट्रम में एक ऐसी रेखा उपस्थित थी जो पृथ्वी पर ज्ञात किसी भी तत्त्व की रेखा नहीं बतायी जा सकती थी। इतालवी खगोलज्ञ सेक्की को यह रेखा औरों से अधिक स्पष्ट दिखायी दी जिन्होंने इसे D_3 चिह्न दिया। सेक्की का नाम भी जेन्सेन तथा लोक्येर के नाम के साथ क्यों न जोड़ दिया जाए? उन्होंने हीलियम की खोज में अपने पूर्वाधिकारियों से कोई कम भूमिका नहीं निभायी। बात यह है कि सेक्की ने यह विचार प्रकट किया कि D_3 रेखा वास्तविकता में उच्च ताप तथा दाब पर किसी ज्ञात तत्त्व की रेखा हो सकती है, जैसे हाइड्रोजन की। अगर धारणा की पुष्टि न हुई होती तो सेक्की D_3 रेखा को पृथ्वी पर किसी अज्ञात तत्त्व की रेखा मान लेते।

लोक्येर तथा फ्रेन्कलेन्ड ने सेक्की द्वारा उठायी समस्या को हल करने की कोशिश की, परंतु उन्हें हाइड्रोजन के स्पेक्ट्रम में कोई परिवर्तन दिखायी नहीं दिए। अतः 3 अप्रैल 1871 के अपने लेख में लोक्येर ने 'एक नया तत्त्व X' अभिव्यंजना

का प्रयोग किया। कुछ ऐसे संकेत मिलते हैं, जो यह बताते हैं कि 'हीलियम' नाम (यूनानी शब्द 'हीलिओस'–"helios" जिसका अर्थ सूर्य है) फ्रैन्कलेन्ड ने सुझाया था। उसी साल 3 अगस्त को ब्रिटिश संस्था के प्रधान थामसन (लार्ड केल्विन) ने पहली बार आम सभा में 'हीलियम' शब्द का प्रयोग किया।

अगर हम हीलियम की खोज को "fait accompli" मान भी लें, तब भी इस खोज की विशिष्टता कुछ कम नहीं होती है। यह अकेला रासायनिक तत्त्व था जिसे पदार्थ के रूप में प्राप्त नहीं किया जा सकता था। आम परिस्थितियों में हीलियम क्या है: गैस, द्रव या ठोस पिंड? इसके क्या गुण हैं? इसका द्रव्यमान क्या है तथा प्राकृतिक तत्त्वों की श्रेणी में इसका कौन सा स्थान है?

वैज्ञानिक उनमें से एक भी प्रश्न का सन्निकट उत्तर भी नहीं बता सके। इसके अलावा सेक्की का संदेह भी दूर नहीं किया गया था। इस प्रकार हीलियम के इतिहास में एक ऐसी अवधि आ गयी, जब इसे केवल एक परिकल्पित तत्त्व माना जाने लगा। वैज्ञानिकों की हीलियम के बारे में विभिन्न धारणाएँ बन गयीं। मेंडेलीफ ने सेक्की के विचार का समर्थन किया। वे भी चमकीली पीली रेखा को उच्च्व तापमानों तथा दाबों पर किसी ज्ञात तत्त्व की रेखा मान रहे थे। परंतु क्रूक्स ने हीलियम का स्वतंत्र अस्तित्व स्वीकार कर लिया और इसे आरंभिक पदार्थ मान लिया जिसके क्रमशः जटिलतर होने के साथ-साथ अन्य सभी तत्त्व उत्पन्न हुए हैं।

कई बार ऐसा लगा कि हीलियम ही अकेला रहस्यपूर्ण तत्त्व नहीं था। खगोलज्ञों को विभिन्न अंतरिक्ष पिण्डों के स्पक्ट्रम में नयी रेखाएँ दिखायी दीं–सूर्य, नक्षत्रों तथा नीहारिकाओं आदि के स्पैक्ट्रम में। इसका परिणाम यह हुआ कि परिकल्पित तत्त्वों की एक नयी सूची बन गयी : कोरोनियम, आकोनियम, नेबूलियम, प्रोटोक्लुओरीन कई वर्षों बाद यह मान लिया गया कि ऐसे तत्त्व नहीं हैं, केवल हीलियम का अस्तित्व स्वीकार किया गया।

हीलियम को मान्यता प्राप्त करने के लिए अपना 'भू-चेहरा' दिखाना था और इसका 'भू' इतिहास एक सांयोगिक घटना से शुरू हुआ।

1 फरवरी 1895 को रैमजे को ब्रिटिश संग्रहालय के एक कर्मचारी मिएर्स का एक पत्र प्राप्त हुआ। उस वक्त रैमजे को आर्गान का खोजी माना जा चुका था। अतः यह स्पष्ट है कि मिएर्स ने रैमजे को संयोग से ही नहीं चुना था। मिएर्स ने इस पत्र में अमरीकी शोधकर्ता हिल्डेब्रांड के प्रयोगों की चर्चा की, जिन्हें 1890 के आरंभ में संयुक्त राज्य अमरीका के भू विज्ञानी संस्थान में संपन्न किया गया था। थोरियम तथा यूरेनियम के खनिजों (उदाहरणतया, क्लीवाइट) की कुछ मात्रा

गर्म करने से हिल्डेब्रांड को एक गैस प्राप्त हुई, जो रासायनिक रूप से निष्क्रिय थी। इस गैस का स्पेक्ट्रम नाइट्रोजन जैसा था तथा इसके अंदर नयी रेखाएँ उपस्थित थीं।

बाद में हिल्डेब्रांड ने रैमजे को बताया कि उनकी बड़ी इच्छा थी कि वे इस रेखा को एक नए तत्त्व की रेखा बताएँ। परंतु उनके साथियों को उनके परिणामों पर संदेह था जिसके कारण हिल्डेब्रांड ने अपने प्रयोग बंद कर दिए। मिएर्स का विश्वास था कि प्राकृतिक यूरेनेटों में नाइट्रोजन की उपस्थिति की कई घटनाओं के कारण एक बार और प्रयोग किया जा सकता था।

संभवतः रैमजे को यह विश्वास हो गया कि हिल्डेब्रांड की निष्क्रिय गैस आर्गान हो सकती थी। अतः वे मिएर्स की बात मान गए और 5 फरवरी को उन्होंने क्लीवाइट की कुछ मात्रा प्राप्त की। उन दिनों रैमजे आर्गान के अध्ययन में व्यस्त थे और इससे यौगिक प्राप्त करना चाहते थे। उन्होंने यह काम अपने शिष्य मैथ्यू को सौंप दिया। मैथ्यू ने खनिज की सल्फ्यूरिक अम्ल के साथ प्रतिक्रिया करायी। उन्हें भी हिल्डेब्रांड की तरह नाइट्रोजन जैसी एक गैस के बुलबुले दिखायी दिए।

इस गैस को पर्याप्त मात्रा में एकत्रित करके रैमजे ने इसका स्पेक्ट्रमदर्शी विश्लेषण किया (14 मार्च को)। परिणाम बड़ा अप्रत्याशित निकला : स्पेक्ट्रम में एक चमकीली रेखा दिखायी दी, जो नाइट्रोजन तथा आर्गान के स्पेक्ट्रम में नहीं दिखायी दी थी।

हालांकि रैमजे के पास किसी निश्चित निष्कर्ष पर पहुँचने के लिए पर्याप्त तथ्य नहीं थे, परंतु वे समझ गए कि क्लीवाइट में आर्गान के अलावा एक और अज्ञात गैस उपस्थित थी। रैमजे ने इस गैस को शुद्ध अवस्था में प्राप्त करने में एक हफ्ता लगा दिया। 22 मार्च को उन्होंने ब्राउनर की उपस्थिति में आर्गान तथा अज्ञात गैस के स्पेक्ट्रम की तुलना की। रैमजे ने कुछ समय के लिए इस गैस का नाम 'क्रिप्टॉन' (यूनानी भाषा में इसका अर्थ 'गुप्त' होता है) रख दिया। बाद में यह नाम दूसरी निष्क्रिय गैस को दे दिया गया। 23 मार्च को वैज्ञानिक ने अपनी डायरी में यह लिखा कि 'क्रिप्टॉन' की पीली रेखा सोडियम की रेखा नहीं थी तथा आर्गान के स्पेक्ट्रम में नहीं दिखायी दी थी (सातवें दशक के अंत में यह सिद्ध करना आवश्यक था कि सौर हीलियम की D_3 रेखा सोडियम की चमकीली पीली रेखा नहीं थी)।

रैमजे को अपने परिणामों पर विश्वास नहीं आ रहा था, अतः उन्होंने गैस

से भरी एक ट्यूब क्रूक्स को भेजी। एक दिन बाद क्रूक्स ने उनको निम्न टेलीग्राम भेजा : 'क्रीप्टॉन हीलियम है, 587.49; यहाँ आइए और अपनी आँखों से देख लीजिए।'' संख्या 587.49 सौर हीलियम की तरंग-लंबाई थी (एक विशेष स्केल के अनुसार)। इन आँकड़ों से भू-हीलियम की पहचान केवल सरल हो गयी, अन्यथा इसकी खोज का इतिहास स्वतंत्र था।

अब वैज्ञानिकों को हीलियम-एक नए तत्त्व—के अध्ययन का अवसर मिल गया। यह तत्त्व परिकल्पित तत्त्व नहीं रहा था। अब हीलियम की पूर्ण निष्क्रयता पर संदेह नहीं हो रहा था, क्योंकि इस वक्त तक आर्गान की निष्क्रियता ज्ञात हो चुकी थी (1894)।

29 मार्च 1895 को क्रूक्स द्वारा प्रकाशित 'रसायन के समाचार' नामक जर्नल में रैमजे ने पृथ्वी पर हीलियम की खोज की संक्षिप्त सूचना छपवायी। मजे की बात यह है कि लगभग उन्हीं दिनों स्वीडिश वैज्ञानिक क्लेव तथा उनके सहायक लंगलैट को भी इसी क्लीवाइट में भू-हीलियम प्राप्त हुई। परंतु स्वीडिश वैज्ञनिकों की सूचना थोड़ी देर से पहुँची, अतः उन्होंने खोज की प्राथमिकता पर कोई अधिकार नहीं जताया। हाँ, उन्होंने इस बात पर दुख जरूर प्रकट किया।

भू-हीलियम को तुरंत पूर्ण मान्यता मिल गयी तथा किसी ने भी रैमजे के परिणामों को गलत साबित करने की कोशिश नहीं की। कुछ समय बाद हीलियम कई अन्य खनिजों तथा खनिज जलों में उपस्थित पायी गयी। 1898 में पृथ्वी के वायुमंडल में हीलियम की उपस्थिति सिद्ध कर दी गयी।

आर्गान

अगर आप यह विवरण पढ़ें कि 'निष्क्रिय गैसों की खोज केवेन्डीश ने 1785 में की'', तो आप इसे एक मजाक समझेंगे। परंतु यह बात कितनी भी विरोधाभासी क्यों न लगे, यह है सच। केवल शब्द 'खोज' यहाँ गलत इस्तेमाल किया गया है। इसी प्रकार यह कहा जा सकता है कि हाइड्रोजन को 1660 में रा० बॉयल ने खोजा था या 1745 में लोमोनोसोव ने। केवेन्डीश को अपने प्रयोगों में एक परिघटना दिखाई दी जिसकी प्रकृति 100 साल बाद पता चली। अपनी प्रयोगशाला की डायरी में केवेन्डीश ने एक जगह यह लिखा कि नाइट्रोजन में ऑक्सीजन की अधिक मात्रा मिलाकर प्राप्त मिश्रण में वैद्युत स्फुलिंग प्रवाहित करने पर उन्हें एक गैस की थोड़ी सी मात्रा मिली (मिश्रण के आरंभिक आयतन का 1/125 भाग)। रहस्यमयी गैस के इस बुलबुले पर बाद में वैद्युत स्फुलिंग का कोई असर नहीं पड़ा। अब हम

यह जानते हैं कि इस बुलबुले में निष्क्रिय गैस उपस्थित थी, जिस बात को केवेन्डीश न तो समझ सके और न ही समझा पाए।

विल्सन (केवेन्डीश की जीवनी के लेखक) ने 1849 में अपनी पुस्तक 'हेनरी केवेन्डीश की जीवन-गाथा' में प्रसिद्ध अंग्रेज भौतिकविद् के उक्त प्रयोग का वर्णन किया। उन्नीसवीं शताब्दी में नौवे दशक के आरंभ में रैमजे ने प्लैटिनम उत्प्रेरक की उपस्थिति में गैसीय नाइट्रोजन, हाइड्रोजन तथा ऑक्सीजन की व्यतिक्रिया का अध्ययन किया। इन प्रयोगों के परिणाम किसी काम के साबित नहीं हुए और रैमजे ने उन्हें प्रकाशित तक नहीं किया। बाद में रैमजे ने खुद बताया कि उन दिनों वे विल्सन की किताब पढ़ रहे थे तथा जब वे केवेन्डीश के प्रयोग की बात पढ़ रहे थे, उन्होंने किताब में उस पैराग्राफ के आगे निम्न शब्द लिख दिए: 'ध्यानयोग्य है।' उन्होंने अपने सहायक विलियम्स को यह प्रयोग दोहराने को कहा, परंतु हमें विलियम्स के प्रयोग के परिणामों की कोई जानकारी नहीं है। लगता यही है कि उन्हें भी कुछ मिला नहीं। यह घटना रैमजे को हमेशा के लिए याद हो गयी। (उन्होंने इसे अपनी 'छिपी स्मृति' कहा) तथा इसने आर्गान की खोज के प्रागैतिहास में एक निश्चित भूमिका निभायी। आरंभ में अंग्रेज भौतिकविद् रैले इसके मुख्य पात्र थे तथा परमाणु तथा अणु सिद्धांत के विकास की आवश्यकता इसकी ऐतिहासिक पृष्ठभूमि थी। सिद्धांत के विकास के लिये तत्त्वों के परमाणुक द्रव्यमान निश्चित करना आवश्यक था। बहुत सारे प्रयोगों से यह पता चला कि अधिकांश तत्त्वों के परमाणु भार पूर्णांक नहीं थे। इस बीच 1815-1816 में अंग्रेज भौतिकविद् प्राउट ने प्रकृतिशास्त्र के इतिहास में एक महान् परिकल्पना प्रस्तुत की। प्राउट के अनुसार सभी तत्त्वों के परमाणु हाइड्रोजन परमाणुओं से बनते हैं; अतः परमाणुक द्रव्यमान पूर्णांक होने चाहिएँ। अब या तो प्राउट गलत कह रहे थे या परमाणु भार गलत निकाले गए थे।

इस अंतर को दूर करने के लिए गैसों के गठन तथा इनकी प्रकृति का नए सिरे से अध्ययन जरूरी था। रैले के विचारानुसार सबसे पहले वायुमंडलीय गैसों—नाइट्रोजन तथा ऑक्सीजन—के घनत्व ज्ञात किए जाने आवश्यक थे क्योंकि घनत्वों के आधार पर उनके परमाणु भार निकाले जा सकते थे।

29 सितंबर 1892 को इंग्लैंड के प्रसिद्ध जर्नल 'Nature' में रैले ने एक संक्षिप्त लेख प्रकाशित करवाया। यह लेख बहुत साधारण सा लग रहा था : वायु से प्राप्त नाइट्रोजन के घनत्व से तथा वायु और अमोनिया के मिश्रण को तप्त ताम्र तार के ऊपर से प्रवाहित कराके प्राप्त नाइट्रोजन के घनत्व में अंतर था। यह अंतर

बहुत छोटा-सा था—केवल 0.001, परंतु इसे प्रयोग की त्रुटि नहीं बताया जा सकता था। वायुमंडलीय नाइट्रोजन भारी था। इस प्रकार एक रहस्य ने जन्म लिया जिसको 'वायुमंडलीय नाइट्रोजन का असामान्य उच्च घनत्व' कहा गया। अन्य रासायनिक विधियों से प्राप्त नाइट्रोजन हमेशा हलकी निकलती थी।

इस अंतर का क्या कारण था? रैमजे इस समस्या में रुचि लेने लगे। 19 अप्रैल 1894 को वे रेले से मिले और दोनों ने इस विषय पर बातचीत की। परंतु दोनों वैज्ञानिक अपनी अपनी बात पर दृढ़ रहे। रैमजे का विश्वास था कि वायुमंडलीय नाइट्रोजन में एक अधिक भारी गैस उपस्थित थीं इसके विपरीत रेले को यह विश्वास था कि 'रासायनिक' नाइट्रोजन में एक हल्की गैस की उपस्थिति इस अंतर का कारण थी।

रेले की बात ज्यादा वजनी लग रही थी। वायुमंडल के अवयवानुपात का 100 सालों से अध्ययन किया जा रहा था इस बात की संभावना बहुत कम थी कि वायु के किसी घटक का पता ही न चला हो। शायद अब केवेन्डीश के प्रयोग को याद करने का वक्त आ गया है। रैमजे की 'छिपी स्मृति' कब काम आएगी? 29 अप्रैल को रैमजे ने अपनी पत्नी को एक पत्र लिखा : "नाइट्रोजन में शायद कोई निष्क्रिय गैस उपस्थित है जो हमारी निगाहों से बच गयी है। विलियम्स आजकल इस समस्या पर काम कर रहे हैं; वे यह देखना चाहते हैं कि नाइट्रोजन के साथ मैग्नीशियम की प्रतिक्रिया से क्या प्राप्त होता है। हम एक नया तत्त्व खोज सकते हैं।"

यह पत्र बड़े विश्वास के साथ लिखा लगता है। अज्ञात गैस को नया तत्त्व बताया गया, जो नाइट्रोजन की तरह निष्क्रिय है अर्थात् रासायनिक प्रतिक्रियाओं में बड़ी मुश्किल से भाग लेता है। रैमजे ने इस 'अजनबी' को नाइट्रोजन से अलग करने के लिए नाइट्रोजन को रासायनिक रूप से आबंधित करने की कोशिश की जिसके लिए उन्होंने नाइट्रोजन तत्त्व मैग्नीशियम की छिप्टियों से नाइट्रोजन के अवशोषण की प्रतिक्रिया करायी ($3Mg+N_2 = Mg_3N_2$)। यह एकमात्र उदाहरण है जब रसायन ने निष्क्रिय गैसों की खोज में कोई भूमिका निभायी।

रैमजे ने खुद ही अपनी बात का खंडन करते हुए एक नयी संभावना प्रकट की : अज्ञात गैस नया तत्त्व न होकर नाइट्रोजन का एक अपररूप है जिसके अणु में ऑक्सीजन की तरह (O_2—आणविक ऑक्सीजन तथा O_3—ओजोन) 3 परमाणु हैं (N_3)। मैग्नीशियम द्वारा नाइट्रोजन के अवशोषण से N_2 अणु परमाणुओं में विभाजित हो जाने चाहिए थे। तब अकेला N परमाणु N_2 के साथ जोड़ा जा

सकता था जिससे N_3 प्राप्त हो सकता था। रैमजे की ऐसी धारणा थी। आगे चलकर आर्गान के विरोधियों ने N_3 के अस्तित्व की इस पूर्वधारणा से खूब फायदा उठाया। रैमजे ढाई महीने तक ओजोन जैसी नाइट्रोजन प्राप्त करने के प्रयास करते रहे और 3 अगस्त को उन्हें $100cm^3$ गैस प्राप्त हुई जो 19.086 घनत्व वाली नाइट्रोजन गैस थी।

वैज्ञानिक ने क्रूक्स तथा रैले को अपनी इस सफलता की सूचना भेजी। उन्होंने रैले को स्पेक्ट्रमदर्शी विश्लेषण के लिए एक ट्यूब गैस भेजी। रैले ने खुद नयी गैस की थोड़ी सी मात्रा प्राप्त की। अगस्त के मध्य में एक विज्ञान गोष्ठी में रैमजे और रैले ने मिलकर एक संयुक्त रिपोर्ट पेश की। उन्होंने गैस के स्पेक्ट्रम का वर्णन किया और इसकी रासायनिक निष्क्रियता पर विशेष जोर दिया। बहुत सारे वैज्ञानिकों ने बड़े ध्यान से उनकी रिपोर्ट सुनी, परंतु उन्होंने इस बात पर आश्चर्य प्रकट किया कि वायु में एक नया घटक कैसे उपस्थित हो सकता है। विख्यात भौतिकविद् लोज ने तो यह तक कह दिया: ''आप लोगों ने शायद इस गैस का नाम भी खोज लिया है?''

नवंबर के आरंभ में इस गैस के नाम की समस्या हल कर दी गयी, जब रैमजे ने रैले को इसका नाम 'आर्गान' रखने की सलाह दी (यूनानी भाषा में इसका अर्थ 'निष्क्रिय' होता है) तथा इसे A चिह्न दे दिया (आगे चलकर यह चिह्न बदल कर Ar बनाया गया)। 30 नवंबर को रॉयल सोसाइटी के अध्यक्ष लार्ड केल्विन (वही थामसन जिन्होंने सर्वप्रथम 1871 में 'हीलियम' शब्द इस्तेमाल किया था) ने वायुमंडल के एक नए घटक की खोज को वर्ष की सर्वाधिक महत्त्वपूर्ण घटना घोषित की। परंतु इस घटक की प्रकृति अभी भी अज्ञात थी। क्या यह एक रासायनिक तत्त्व माना जा सकता था? मेंडेलीफ तथा डेवार (द्रवित वायु के संग्रहण के लिए फ्लास्क के आविष्कारक) जैसे विशेषज्ञों का विश्वास था कि आर्गान N_3 थी। आर्गान की परम रासायनिक निष्क्रियता एक नया गुण था जिसकी रसायनज्ञों को पहले कोई जानकारी नहीं

वी. रैमजे

थी। इसकी वजह से गैस का अध्ययन बड़ा मुश्किल काम था (विशेषतया, इसका परमाणु भार ज्ञात करना)। इसके अलावा यह स्पष्ट हो गया था कि अन्य प्राथमिक गैसों से भिन्न आर्गान एकपरमाणुक थी, अर्थात् इसके अणु में केवल एक परमाणु उपस्थित था।

14 मार्च 1895 को रूसी रसायन समाज की सभा में मेंडेलीफ ने निम्न घोषणा कीः आर्गान का 40 परमाणु भार आवर्त सारणी में ठीक नहीं बैठता है, इसमें नयी गैस के लिए स्थान नहीं है, अतः आर्गान संघनित नाइट्रोजन N_3 है।

आर्गान की खोज के साथ संबंधित समस्याओं का हल ढूँढ़ने में काफी वक्त लग गया। इसमें हीलियम की खोज ने एक निश्चित भूमिका निभायी, जो खुद भी निष्क्रिय तथा एकपरमाणुक गैस निकली। आर्गान-हीलियम के जोड़े से इस परिकल्पना को प्रेरणा मिली कि ऐसी गैसों का अस्तित्व संयोग की जगह एक नियमित बात है। अब इस परिवार के नए सदस्यों की खोजों की आशा पैदा हो गयी थी। प्रंतु उनकी खोज केवल साल भर बाद संभव हुई। इस दौरान वैज्ञानिकों ने हीलियम तथा आर्गान के गुणों का बारीकी से अध्ययन किया, परमाणु भारों को अति परिशुद्धता के साथ ज्ञात किया तथा आवर्त सारणी में दोनों तत्त्वों की स्थिति पर विचार प्रकट किए।

क्रिप्टॉन, निऑन, जीनॉन

निष्क्रिय गैसों के इतिहास में सन्नाटा छा गया। इसके कई कारण थेः एक कारण यह था कि वैज्ञानिक लोग आर्गान तथा हीलियम की बहुत थोड़ी मात्राओं के साथ काम कर रहे थे। इन गैसों को वायु से अलग करने के लिए रासायनिक विधि से ऑक्सीजन, नाइट्रोजन, हाइड्रोजन तथा कार्बन डाइऑक्साइड पृथक करनी पड़ती थी। सभी निष्क्रिय गैसें पृथ्वी के वायुमंडल का बहुत नगण्य सा भाग थीं तथा आर्गान और हीलयम की पृष्ठभूमि पर इनके सदृशरूपों को ढूँढ़ना बड़ा कठिन काम था। दूसरा कारण था आर्गान तथा हीलियम की रासायनिक निष्क्रियता। सर्वाधिक सक्रिय अभिकर्मक (जैसे फ्लुओरीन) भी इनके सामने बेबस थे। रसायनज्ञों के पास निष्क्रिय गैसों के अध्ययन का कोई तरीका नहीं था, अब केवल भौतिक विधियाँ ही कुछ परिणाम दे सकती थीं। सन्नाटे के दौरान ये विधियाँ विकसित की गयीं। वैज्ञानिकों ने गैसों की अल्प मात्राओं के विश्लेषण की विधियाँ सुधारीं, स्पेक्ट्रमदर्शियों की कोटि उत्तम की तथा गैसों के घनत्व ज्ञात करने की विधियाँ विकसित कीं। आखिरकार यह घटना घट गयी जो निष्क्रिय गैसों के इतिहास में

सर्वाधिक महत्त्वपूर्ण साबित हुई। दो इंजीनियरों हैम्पसन (इंग्लैंड) तथा लिन्डे (जर्मनी) ने गैसों के द्रवीकरण की एक और नयी प्रभावशाली विधि ढूँढ़ी। हैम्पसन ने एक उपकरण बनाया जो एक घंटे में एक लीटर द्रवित वायु देता था। इस सफलता से अन्य वैज्ञानिकों को बहुत प्रेरणा मिली। 1898 के आरंभ में रैमजे के सहायक ट्रैवर्स ने बड़ी मात्रा में द्रवित आर्गान प्राप्त करने के लिए एक प्रशीतक उपकरण का निर्माण शुरू कर दिया। चूंकि वायुमंडलीय गैसें विभिन्न तापमानों पर द्रवित होती हैं, अतः इन्हें एक दूसरे से अलग करना इतना मुश्किल नहीं था।

आर्गान तथा हीलियम की खोजों का दूसरा महत्त्व यह है कि उन्होंने रसायनज्ञों को रासायनिक निष्क्रियता (यह बात 25 साल बाद समझी जा सकी) के अलावा आवर्त नियम तथा आवर्त सारणी के बारे में भी सोच विचार करने पर मजबूर कर दिया। उस वक्त आवर्त सारणी की स्थिति बड़ी नाजुक हो गयी थी। आर्गान और हीलियम के तीन महत्त्वपूर्ण गुण (परमाणु भारों का मान, शून्य के बराबर संयोजकता, एक परमाणुक अणु) दोनों गैसों को आवर्त सारणी से बाहर कर रहे थे। इसी कारण मेंडेलीफ N_3 के विचार का समर्थन कर रहे थे।

इतिहास भविष्यवाणी की अद्वितीय शक्ति रखता है। आर्गान की अभी पूरी तरह खोज नहीं हुई थी, जब 24 मई 1894 को रैमजे ने रैले को एक पत्र लिखा जिसमें उन्होंने यह पूछा : क्या रैले ने कभी यह सोचा है कि गैसीय तत्त्वों के लिए आवर्त सारणी में जगह है, उदाहरणार्थ :

Li Be B C N O F X X X
Cl
Mn Fe Co Ni
Br
?more Rd Ru Pd...

रैमजे का विचार था कि मेंडेलीफ की आवर्त सारणी के दीर्घ आवर्तों में लोहे और प्लैटिनम के त्रिकों की तरह लघु आवर्त में भी तत्त्वों का त्रिक हो सकता है। आर्गान तथा हीलियम की खोजों ने इस विचार को जन्म दिया है कि गैसें दो X का स्थान ले सकती हैं। परंतु इन तत्त्वों के परमाणु भारों के मान (4 और 40) के कारण He तथा Ar को एक ही आवर्त में रखना मुश्किल लग रहा था। धीरे-धीरे नए त्रिकों का विचार दूर होता गया और रैमजे ने निष्क्रिय गैसों को प्रत्येक आवर्त के अंत में रखने का प्रस्ताव पेश किया। अब हीलियम और आर्गान के बीच एक तत्त्व की खोज की आशा की जा सकती थी जिसका परमाणु 20 के आसपास होना

चाहिए था। टोरोन्टो में अगस्त 1897 में ब्रिटिश समाज की सभा में रैमजे ने इस तत्त्व के बारे में एक रिपोर्ट प्रस्तुत की जिसका शीर्षक था : 'अनखोजी गैस' रैमजे इस गैस के रोचक गुणों का वर्णन करना चाहते थे, और कहा कि इसके सर्वाधिक महत्त्वपूर्ण गुण की बात यह थी कि इस गैस की अभी तक खोज ही नहीं हुई है।

यहाँ हम एक बार फिर वही विश्वास महसूस करते हैं जो आर्गान की खोज के पहले दिन रैमजे ने अपनी पत्नी के नाम एक पत्र में व्यक्त किया था। यह अनखोजी गैस निऑन निकली। परंतु जैसा कि विज्ञान में अक्सर होता है, कुछ परिस्थितियों के कारण इस खोज से पहले एक और घटना घट गयी। नयी गैस द्रवित वायु के क्रमशः वाष्पीकरण से प्राप्त प्रभाजियों के विश्लेषण से ढूढ़ी जा सकती थी। आर्गान से हलके प्रभाजी ज्यादा दिलचस्प साबित हो रहे थे। 24 मई 1898 को रैमजे तथा ट्रेवर्स को द्रवित वायु से भरा ड्यूआर फ्लास्क प्राप्त हुआ। दुर्भाग्यवश (या भाग्यवश) वायु की मात्रा बहुत थोड़ी होने के कारण आर्गान के पूर्ववर्त्ती की खोज असंभव थी। अतः वैज्ञानिकों ने इस वायु से द्रवित वायु के विभाजन की तकनीक विकसित करने का फैसला किया। इस प्रयोग के परिणामस्वरूप शाम को रैमजे तथा टेवर्स को जो प्रभाजी प्राप्त हुआ, वह सबसे भारी था। 31 मई तक 31 पूरे हफ्ते वैज्ञानिकों ने इस प्रभाजी पर कोई ध्यान नहीं दिया।

31 मई को रैमेजे ने इसका अध्ययन करने का फैसला किया। उन्होंने गैस से नाइट्रोजन और ऑक्सीजन की अशुद्धियाँ अलग करके स्पेक्ट्रमदर्शी वैश्लेषिक विधि से उसका अध्ययन किया। रैमजे और ट्रेवर्स के आश्चर्य का ठिकाना न था जब उन्हें एक चमकीली पीली रेखा दिखायी दी जो न हीलियम की थी और न ही सोडियम की। रैमजे ने अपनी डायरी में निम्न शब्द लिखे : "31 मई। एक नयी गैस। क्रिप्टॉन'। पाठकों को याद होगा कि पहले यह नाम भावी हीलियम को दिया गया था। अब यह नाम हमेशा के लिए निष्क्रिय गैसों के इतिहास में लिखा गया। परंतु जिस गैस के बारे में रैमजे ने रिपोर्ट पढ़ी थी, वह क्रिप्टॉन नहीं थी। क्रिप्टॉन का घनत्व तथा परमाणु भार उस गैस के घनत्व तथा परमाणु भार से काफी ज्यादा थे।

इसके तुरंत बाद निऑन की खोज हो गयी। रैमजे तथा ट्रेवर्स ने वायु के आसवन के दौरान प्राप्त हलके प्रभाजियों का अध्ययन किया। उन्हें एक प्रभाजी के अंदर एक नयी निष्क्रिय गैस मिली। रैमजे के कथनानुसार इस गैस का नाम निऑन (यूनानी शब्द "neos" नवीन) उनके पुत्र ने सुझाया था। इस बार अकेले ट्रेवर्स ने प्रयोग किया क्योंकि रैमजे कहीं बाहर गए हुए थे। यह 7 जून की बात

थी। इसके बाद परिणामों की जाँच तथा निऑन को बड़ी मात्रा में प्राप्त करने और इसका घनत्व ज्ञात करने में पूरा एक हफ्ता लग गया। जैसी आशा थी, निऑन हीलियम तथा आर्गान के बीच वाली गैस निकली, हालांकि अभी इसे शुद्ध रूप में प्राप्त नहीं किया गया था। निऑन तथा आर्गान को पूर्णतया अलग करने की समस्या आगे चलकर हल कर दी गयी।

अब रैमजे तथा ट्रेवर्स को एक और निष्क्रिय गैस की खोज करनी थी। परंतु इस बार वैज्ञानिक उतने निश्चित नहीं थे, जितने निऑन की खोज के पहले। जुलाई 1898 में दोनों वैज्ञानिक द्रवित वायु के आसवन में व्यस्त थे। वे इस वायु को प्रभाजियों में विभाजित करना चाहते थे। आधी रात तक रैमजे और ट्रेवर्स ने 50 से ज्यादा प्रभाजी अलग किए; अंतिम प्रभाजी में (नबंर 56 उन्हें क्रिप्टॉन मिल गयी। इसके बाद उपकरण को गर्म करके एक और प्रभाजी (नबंर 57) प्राप्त हुआ, जिसमें मुख्यतः कार्बन डाइऑक्साइड के अवशेष उपस्थित थे। रैमजे और ट्रेवर्स इस बात पर बहस करने लगे कि इस प्रभाजी का अध्ययन किया जाए या नहीं उन्होंने प्रयोग जारी रखने का फैसला किया। अगली सुबह जब वैज्ञानिकों ने 57 नबंर के प्रभाजी के स्पेक्ट्रम का अध्ययन किया तो उन्हें एक नयी चीज दिखायी दी। रैमजे और ट्रेवर्स इस निष्कर्ष पर पहुँचे कि यह एक नयी गैस की उपस्थिति का प्रमाण था। परंतु शुद्ध जीनॉन केवल 1900 के मध्य में प्राप्त की जा सकी। 'जीनान; नाम यूनानी शब्द 'जीनस' से लिया गया है जिसका अर्थ 'अजनबी' होता है।

निष्क्रिय गैसों का महत्त्व

निष्क्रिय गैसों की खोज की गिनती 19 वीं शताब्दी की चार महान् वैज्ञानिक घटनाओं में की जाती है जिन्होंने प्राकृतिक विज्ञान में क्रांति पैदा कर दी। अन्य तीन महान घटनाएँ निम्न हैं—एक्सरे किरणों की खोज, विघटनाभिकता तथा इलेक्ट्रॉन। विज्ञान के इतिहासकारों द्वारा निष्क्रिय गैसों को इतनी ज्यादा मान्यता दिए जाने के कई कारण हैं।

इन गैसों की खोज का इतिहास रंग-बिरंगा तथा उत्तेजक है। रहस्यमय सौर तत्त्व-हीलियम पृथ्वी पर खोजा गया तथा अकेला यही तथ्य सिद्ध करता है कि मनुष्य प्रकृति को और बेहतरी से जानने के लिए कितनी मेहनत कर सकता है।

आर्गान भी कम रहस्यमयी नहीं थी। इस गैस ने वैज्ञानिकों को चक्कर में डाल दिया। इसकी रासायनिक निष्क्रियता के कारण इसे तत्त्व मानना असंभव था क्योंकि इसमें कोई भी रासायनिक गुण नहीं था। परंतु अनुसंधानकर्ताओं को इस

असाधारण परिस्थिति का आदी बनना पड़ा और इस बात में विश्वास करने लगे कि ऐसे तत्त्व भी हो सकते हैं जो रासायनिक प्रतिक्रियाओं की क्षमता नहीं रखते हैं। यह विचार काफी लाभदायक सिद्ध हुआ। निष्क्रिय गैसों की खोज ने शून्य संयोजकता की धारणा को जन्म दिया। इन गैसों ने शून्य ग्रुप बनाकर आवर्त सारणी को मजबूत किया। निष्क्रिय गैसों की खोज के लगभग 25 वर्ष बाद नील्स बोहर इनकी सहायता से परमाणुओं के इलेक्ट्रॉन शैलों का सिद्धांत विकसित कर सके। इस सिद्धांत ने निष्क्रिय गैसों की रासायनिक निष्क्रियता का स्पष्टीकरण दिया तथा उनकी परामाण्विक गठन आयनी तथा सहसंयोजी आबंधों की धारणा का आधार बन गयी। इस प्रकार निष्क्रिय गैसों की खोज ने सैद्धांतिक रसायन के विकास में महत्त्वपूर्ण योगदान दिया।

सातवें दशक के आरंभ में निष्क्रिय गैसों ने वैज्ञानिक जगत् को एक बार फिर चकित कर दिया। वैज्ञानिकों ने यह सिद्ध कर दिया कि जीनॉन (मुख्यतः) तथा क्रिप्टॉन रासायनिक यौगिक बना सकती हैं। (आज ऐसे 150 से ज्यादा यौगिक्र ज्ञात हैं।) निष्क्रिय गैसों की ये रासायनिक निष्क्रियता की धारणा का इतने समय बाद खंडन करती हैं। यह एक विरोधाभास है तथा इन गैसों के इतिहास की एक रोचक घटना है।

निष्क्रिय गैसों की गिनती पृथ्वी पर उपस्थित सर्वाधिक विरल स्थायी तत्त्वों में की जाती है। इन गैसों का इकाई अध्ययन आयतन हवा के कितने इकाई आयतन में मिलता है, इसके आँकड़े खुद रैमजे ने प्रस्तुत किए :

गैस	हवा
हीलियम	245000
निऑन	81 000 000
आर्गान	106
क्रिप्टॉन	20 000 000
जीनॉन	170 000 000

अभी तक इन संख्याओं में कोई परिवर्तन नहीं किया गया है। रैमजे का कथन था कि वायु में जीनॉन की मात्रा समुद्री जल में स्वर्ण की मात्रा से कम है। अकेला यही कथन यह बताता है कि निष्क्रिय गैसों की खोज कितनी यंत्रणादायक थी।

आवर्त प्रणाली के आधार पर पूर्वानुमानित तत्त्व

गैलियम, स्कैण्डियम, जर्मेनियम

"आवर्त नियम के बिना न तो हम अज्ञात तत्त्वों के गुणों का पूर्वानुमान कर सकते थे और न ही उनमें से कुछ का अभाव या अनुपस्थिति महसूस कर सकते थे। तत्त्वों की खोज अकेले प्रेक्षण की बात थी। अतः नए तत्त्वों की खोज केवल संयोग, कुशाग्रता तथा दूरदर्शिता पर निर्भर थी... । आवर्त नियम इस दिशा में एक नया मार्ग दिखाता है।" इन शब्दों द्वारा मेंडेलीफ ने यह विचार प्रकट किया कि रासायनिक तत्त्वों के इतिहास में वह समय आ गया है जब अज्ञात तत्त्वों के अस्तित्व की पूर्वसूचना तथा उनके महत्त्वपूर्ण गुणों का पूर्वानुमान संभव हो गया है।

आवर्त प्रणाली इस कथन का आधार थी। इसकी संरचना से ही यह पता चल गया था कि जहाँ जहाँ खाली खाते रह गए थे वे उन तत्त्वों के लिए थे, जो अज्ञात थे। पड़ोसी खातों के तत्त्वों के गुणों की जानकारी के आधार पर अज्ञात तत्त्वों के आम गुण पता किए जा सकते थे तथा तर्कसंगति और साधारण गणित के प्रयोग द्वारा कुछ मात्रात्मक प्राचल (परमाणुक द्रव्यमान, घनत्व, गलनांक तथा क्वथनांक आदि) परिकलित किए जा सकते थे। परंतु इस काम के लिए रयायन के क्षेत्र में बहुत ज्यादा विद्वत्ता की जरूरत थी। मेंडेलीफ में यह विद्वत्ता थी। इस विद्वत्ता, वैज्ञानिक साहस और आवर्त नियम में विश्वास के बल पर वह कुछ नए तत्त्वों के अस्तित्व तथा गुणों का पूर्वानुमान करने में सफल हुए।

मेंडेलीफ के अद्‌भुत पूर्वानुमान बहुत जमाने से पाठ्‌यपुस्तकों के विषय बन गए हैं तथा रसायन की कोई ऐसी किताब नहीं है जिसमें एका-ऐलुमिनियम, एक-बोरॉन तथा एका-सिलिकन की चर्चा न की गयी हो, जो आगे चलकर

गैलियम, स्कैण्डियम तथा जर्मेनियम के नाम से जाने गए।

पूर्वानुमानित तत्त्वों की वास्तविक तत्त्वों के साथ तुलना इस प्रकार की जा सकती है :

एका-ऐलुमिनियम Ea	गैलियम Ga
परमाणुक द्रव्यमान 68	परमाणुक द्रव्यमान 69.72
शुद्ध तत्त्व का गलनांक निम्न होना चाहिए।	गलनांक 29.75ºC
धातु का घनत्व 6.0 के लगभग होना चाहिए।	घनत्व 5.9 (ठोस)
परमाणु आयतन 11.5 के आसपास होना चाहिए।	परमाणु आयतन 11.8
वायु में परिवर्तित नहीं होता है।	लाल तप्त करने पर हलका सा उपचयित होता है।
उबालने पर जल को अपघिटत कर देता है।	उच्च ताप पर जल को अपघटित कर देता है।
फिटकरी (ऐलम) बनाता है, परंतु Al के मुकाबले में ज्यादा कठिनाई से।	निम्न सूत्र वाली फिटकरी बनाता है। $NH_4Ga(SO_4)_2$ $12H_2O$
Ea_2O_3 बड़ी आसानी से धातु में अपचयित हो जाता है।	हाइड्रोजन प्रवाह में Ga_2O_3 परितापित करने पर Ga आसानी से अपचयित हो जाता है।
EaAl के मुकाबले ज्यादा उड़नशील विश्लेषण होता है; यह स्पेक्ट्रमदर्शी विश्लेषण द्वारा पता चलेगा।	Ga की खोज स्पेक्ट्रमदर्शी विधि से हुई।

एक-बोरॉन Eb	स्कैन्डियम Sc
परमाणुक द्रव्यमान 44 के लगभग है।	परमाणुक द्रव्यमान 45.1 है।
घनत्व 3.0 के लगभग है।	घनत्व 3.0 है।
परमाणु आयतन 15 के लगभग है।	परमाणु आयतन 15 है।
धातु उड़नशील नहीं है तथा स्पेक्ट्रमदर्शी विश्लेषण	उड़नशीलता अल्प है।

विधि द्वारा नहीं खोजी जा सकती।	
क्षारीय ऑक्साइड बनाती है।	क्षारीय ऑक्साइड बनाता है।
उन्नत ताप पर जल को अपघटित कर देगी।	उबालने पर जल को अपघटित कर देता है।
Eb_2O_3 जल में अविलेय है, घनत्व के लगभग है।	Sc_2O_3 जल में अविलेय है; घनत्व 3.864 है।
Eb_2O_3 बड़ी मुश्किल से फिटकरी बनाती है।	Sc_2O_3 द्विलवण $3K_2SO_4 . Sc_2(SO_4)_3$ बनाता है।
एक-सिलिकन Es	**जर्मेनियम Ge**
परमाणुक द्रव्यमान लगभग 72 है।	परमाणुक द्रव्यमान 72.60 है।
घनत्व 5.5 के लगभग है।	घनत्व 5.327 है।
परमाणु आयतन 13 के लगभग है।	परमाणु आयतन 13.57 है।
EsO_2 का घनत्व लगभग 4.7 है।	GeO_2 का घनत्व 4.280 है।
क्षारीय गुण क्षीण है।	GeO_2 अक्रिस्टीलीय प्रकृति का होता है।
$EsCl_4$ द्रव रूप में पाया जाएगा; क्वथनांक $\approx 90°C$ होगा	$GeCl_4$ द्रव होता है, क्वथनांक $83°C$ है।
Es की विऑक्सीकरण क्षमता निम्न होती है।	Ge कठिनाई से निम्न विऑक्सिकृत अवस्था में आता है।
एक अस्थायी यौगिक EsH_4 होता है।	GeH_4 प्राप्त होता है जो सरलता से अपघटित हो जाता है।
एक कार्ब-धात्विक यौगिक $Es(C_2H_5)_4$ होता है।	$Ge(C_2H_5)_4$ ज्ञात है।

बाएँ कालमों में एका-ऐलुमिनियम, एका-बोरॉन तथा एका-सिलिकन के मेंडेलीफ द्वारा पूर्वानुमानित गुण दिए गये हैं और दाएँ कालमों में गैलियम, स्कैन्डियम तथा जर्मेनियम के गुणों के बारे में आधुनिक तथ्य दिए गए हैं। यह

कहने की जरूरत नहीं है कि अनुमानित गुणों और वास्तविक गुणों में कितनी ज्यादा समानता है। मेंडेलीफ ने उपसर्ग 'एक' के प्रयोग की निम्न शब्दों में व्याख्या दीः "प्रत्याशित तत्त्वों को नए नाम न देने के उद्देश्य से मैं उनका नाम उसी ग्रुप के सम और विषम संखीय तत्त्वों के समीपतम निम्नतम सादृश्य के आधार पर रखूँगा। मैं केवल उसके नाम के साथ संस्कृत के अंक जोड़ दूँगा (इक, द्वि, त्रि, चतुर्थ आदि)। इस प्रकार ऐलुमिनियम का समीपतम सदृश एक-ऐलुमिनियम होगा।"

गैलियम

इस तत्त्व की खोज की तारीख तो क्या घड़ी तक ज्ञात है। "27 अगस्त 1875 को 3 और 4 बजे के बीच मुझे पिरफिट खान (आर्गेले घाटी) में मिले जिंक-ब्लैन्ड के रासायनिक विश्लेषण के उत्पादों में एक नए सरल पदार्थ के अस्तित्व के लक्षण दिखाई दिए।" इन शब्दों के साथ डि बुआबोडरान ने पेरिस विज्ञान अकादमी के सामने अपनी रिपोर्ट पढ़नी शुरू की। उन्होंने इस नए तत्त्व के कुछ गुणों का वर्णन किया तथा यह बताया कि इस तत्त्व की अयस्क में उपस्थिति स्पेक्ट्रमदर्शी विश्लेषण से सिद्ध हुई जैसा कि मेंडेलीफ ने 5 साल पहले पूर्वानुमान किया था। डि बुआबोडरान को इस बात की शिकायत थी कि उन्हें नए पदार्थ की बहुत थोड़ी मात्रा प्राप्त हुई थी इसलिए वे नए तत्त्व के गुणों का भली भांति अध्ययन नहीं कर सके।

29 अगस्त को नए तत्त्व का नाम रखा जाता है : कि बुआबोडरान इसका नाम गैलियम (फ्रांस के प्राचीन नाम के सम्मान में) रखने की सलाह देते हैं। इस दौरान वैज्ञानिक गैलियम के अध्ययन में काफी सफलता प्राप्त करते हैं तथा वे नई जानकारी को अपनी रिपोर्ट में शामिल कर देते हैं और अपनी रिपोर्ट एक अकादमिक जर्नल में छपने के लिए भेज देते हैं। नवंबर के मध्य में इस लेख वाला जर्नल पीटर्सबर्ग पहुँचता है जहाँ मेंडेलीफ बड़ी बेसब्री से इसका इंतजार कर रहे थे। ऐसे पक्के प्रमाण मिले हैं कि मेंडेलीफ को गैलियम की खबर इससे पहले मिल चुकी थी, परंतु दूसरे स्रोत से। दो हफ्ते पहले रूसी विज्ञान सोसाइटी को पेरिस से एक रिपोर्ट मिली थी जिस पर डिक्लेरमोन्ट के हस्ताक्षर थे। इस रिपोर्ट में गैलियम की खोज की चर्चा की गयी थी तथा इसके गुणों का संक्षिप्त वर्णन किया गया था। परंतु मेंडेलीफ के लिए यह बात ज्यादा महत्त्व रखती थी कि आविष्कारक ने खुद क्या लिखा है।

लेख के प्रकाशन पर मेंडेलीफ ने एकदम अपनी प्रतिक्रिया प्रकट की। 18 नवंबर को ही उन्होंने रूसी भौतिकविदों की सोसाइटी के अधिवेशन में

एक रिपोर्ट पढ़ी। अधिवेशन के विवरण के अनुसार मेंडेलीफ ने घोषणा की कि खोजी गयी धातु संभवतः एका-ऐलुमिनियम थी। अगले दिन उन्होंने फ्रेंच भाषा में एक निबंध लिखा जिसका शीर्षक रखा–"गैलियम की खोज पर टिप्पणी।" और अंत में 18 नवंबर को रूसी रसायन सोसाइटी की सभा में मेंडेलीफ गैलियम की चर्चा करते हैं। वैज्ञानिक की इतनी ज्यादा गतिविधियों का कारण स्पष्ट है। महान् रसायनज्ञ यह समझ गए थे कि उनके द्वारा पूर्वानुमानित एक तत्त्व अब वास्तविकतक बन गया था। मेंडेलीफ का विश्वास था कि अगर अगले अनुसंधान-कार्य ये सिद्ध कर दें कि एका-ऐलुमिनियम के गण गैलियम के गुणों के सदृश हैं, तो आवर्त नियम की उपयोगिता की बात सच साबित हो जाएगी।

द. मेंदेलीफ

छः दिन बाद (कितनी शीघ्रता से।) मेंडेलीफ का उक्त लेख पेरिस विज्ञान अकादमी के जर्नल में प्रकाशित हो गया। डि बओबोडरान पर इस लेख की विशेष प्रतिक्रिया हुई। उन्होंने अपने प्रयोग जारी रखे और नए परिणाम प्रकाशन के लिए भेज दिए। 6 दिसंबर को फ्रेंच वैज्ञानिक का अगला लेख प्रकाशित हुआ। पहले की तरह इस बार भी उन्हें यह शिकायत थी कि गैलियम की मात्रा बहुत थोड़ी थी। उन्होंने वैद्युत रासायनिक विधि द्वारा इस धातु को प्राप्त करने के तरीके का वर्णन किया तथा इसके गुणों की चर्चा की। उन्होंने यह विचार प्रकट किया कि गैलियम ऑक्साइड का सूत्र Ga_2O_3 होना चाहिए।

लेख के बिल्कुल अंत में मेंडेलीफ की टिप्पणी के बारे में कुछ शब्द कहे गए थे। डि बुआबोडरान ने स्वीकार किया कि उन्होंने इस टिप्पणी को बड़े चाव से पढ़ा क्योंकि सरल पदार्थ के वर्गीकरण में उन्हें काफी अर्से से रुचि रही है। उन्हें मेंडेलीफ द्वारा एका-ऐलुमिनियम के पूर्वानूमान की बात की तनिक भी जानकारी नहीं थी, परंतु इससे कोई फर्क नहीं पड़ा। डि बुआबोडरान का विश्वास था कि सदृश तत्त्वों की स्पेस्ट्रम रेखाओं के बल पर ही वे गैलियम की खोज पर पाए थे। सदृश रासायनिक गुणों वाले तत्त्वों की स्पेक्ट्रम रेखाओं के नियम उन्होंने खुद ही स्थापित किये थे। अतः यहाँ स्पेक्ट्रमदर्शी विश्लेषण ने निर्णायक भूमिका निभायी।

परंतु इस बात की कहीं चर्चा नहीं थी कि मेंडेलीफ ने भी अपने एका-ऐलुमिनियम के पूर्वानुमान में इस बात पर जोर डाला था कि नए तत्त्वों की खोज में स्पेक्ट्रमदर्शी विश्लेषण मुख्य भूमिका निभाएगा। डि बुआबोडरान के कथनानुसार मेंडेलीफ के पूर्वानुमान का गैलियम की खोज के साथ कोई संबंध नहीं था।

परंतु जैसे-जैसे डि बुआबोडरान, धात्विक गैलियम तथा इसके यौगिकों के गुणों का अध्ययन करते गए, उनके परिणाम मेंडेलीफ के पूर्वानुमानों के साथ मिलते गए। उदाहरण के लिए, मई 1876 में फ्रेंच वैज्ञानिक ने यह स्थापित किया कि गैलियम अति सरलता से गलनीय है (गलनांक 29.5° C) तथा वायु में रखने पर सरलता से आक्सीकृत हो जाता है। 1870 में मेंडेलीफ ने एका-ऐलुमिनियम के इन्हीं गुणों की भविष्यवाणी की थी। परंतु आवर्त सारणी तथा एक-ऐलुमिनियम के आसपास के तत्त्वों के घनत्व के आधार पर मेंडेलीफ ने एका-ऐलुमिनियम का घनत्व 5.9-6.0 परिकलित किया जबकि डि बुआबोडरान ने अपने स्पेक्ट्रम नियमों के आधार पर एका-ऐलुमिनियम का घनत्व 4.7 निकाला। उन्होंने प्रयोग द्वारा इस मान की पुष्टि भी कर दी। एक अनाड़ी आदमी के लिए यह अंतर (दो इकाइयों से कम) बहुत छोटा था, परंतु आवर्त नियम के भविष्य के लिए यह बड़े महत्त्व की बात थी। उस वक्त तक एका-ऐलुमिनियम के केवल गुणात्मक पूर्वानुमानों की पुष्टि हुई थी। घनत्व प्रथम मात्रात्मक गुण था। परंतु यह घनत्व गलत परिकलित किया गया था।

कहा जाता है कि जैसे ही मेंडेलीफ ने डि बुआबोडरान के लेख में यह पढ़ा कि गैलियम का घनत्व 4.7 है, उन्होंने फ्रेंच वैज्ञानिक को एक पत्र भेजा। इस पत्र में मेंडेलीफ ने यह लिखा कि डि बुआबोडरान जिस गैलियम की बात कर रहे हैं, वह अशुद्ध है। उसमें संभवतः सोडियम उपस्थित है क्योंकि गैलियम प्राप्त करने में इसका इस्तेमाल किया जाता है। सोडियम का घनत्व बहुत निम्न होता है (0.98) जिसके कारण गैलियम का घनत्व भी कम हो सकता है। अतः गैलियम को पूर्णतया शुद्ध करने की जरूरत है।

यह पत्र फ्रांस में नहीं मिला है और न ही मेंडेलीफ के अभिलेखों में। केवल मेंडेलीफ की पुत्री तथा रसायन के विख्यात इतिहासकार मेनशूत्कीन ने इस बात के संकेत दिए हैं। मेंडेलीफ ने ऐसा पत्र लिखा या नहीं, परंतु यह जरूर सच है कि गैलियम के आविष्कारक को मेंडेलीफ के विचार जरूर पता चल गए थे। उन्होंने गैलियम का घनत्व ठीक ज्ञात करने के लिए प्रयोग दोहराने का फैसला किया। इस बार उन्होंने इस बात को ध्यान में रखा कि मेंडेलीफ ने परिकल्पित तत्त्व का घनत्व

5.9 दिया था। सितंबर 1876 के आरंभ में उन्हें यह मान प्राप्त हो गया। अब फ्रेंच वैज्ञानिक को मेंडेलीफ की बात पर विश्वास हो गया। कुछ समय बाद डि बुआबोडरान ने महान् रूसी रसायनज्ञ को अपना फोटो भेजा जिस पर निम्न शब्द लिखे थे : "अत्यधिक सम्मान के साथ मैं यह चाहता हूँ कि मेंडेलीफ मेरे मित्र बन जाएँ। डि बु० बो०" मेंडेलीफ ने इन शब्दों के नीचे लिखा : "डि बुआबोडरान, पेरिस। 1875 में एका-ऐलुमिनियम की खोज की और इसका नाम 'गैलियम' रखा, Ga= 69.7" ।

1879 की शरद् में ऐंगेल्स ने रोस्को तथा शोरलेमर द्वारा लिखित रसायन की एक बिल्कुल नयी पाठ्यपुस्तक पढ़ी जिसमें मेंडेलीफ द्वारा एका-ऐलुमिनियम के पूर्वानुमान तथा गैलियम के रूप में इसकी खोज के किस्से का वर्णन किया गया था। अपने एक लेख 'प्रकृति के तर्कशास्त्र' में ऐंगेल्स ने इस पुस्तक के उक्त शब्दों को उद्धृत करते हुए निम्न बात कहीः 'मेंडेलीफ ने अनजाने में हेगेल के नियम (मात्रा का गुण में संक्रमण) को कार्यान्वित रूप देकर एक बहुत बड़ा वैज्ञानिक काम किया हैं जिसकी तुलना लेवेरिर द्वारा एक अज्ञात ग्रह नेप्टयून के कक्षक की परिकल्पना के साथ की जा सकती है।"

स्कैन्डियम

हम दुर्लभ मृदा तत्त्वों के अध्याय में स्कैन्डियम की खोज का संक्षिप्त वर्णन दे चुके हैं (पृ० 125)। हालांकि स्कैन्डियम के बहुत सारे गुण दुर्लभ मृदा तत्त्वों के गुणों से मिलते हैं, परंतु मेंडेलीफ ने यह पूर्वानुमान लगाया कि यह तत्त्व आवर्त सारणी के तीसरे ग्रुप में बोरॉन का सदृश होना चाहिए। उनकी बात सच निकली। स्वीडिश रसायनज्ञ नील्सन ने स्कैन्डियम की खोज की; 12 मार्च 1879 को उनका एक लेख "एक नयी विरल धातु स्कन्डियम के बारे में" प्रकाशित हुआ तथा 14 मार्च को पेरिस विज्ञान अकादमी की सभा में इस विषय पर बहस की गयी।

परंतु नील्सन के परिणामों में कई गलतियाँ थीं। वे स्कैन्डियम को चतुर्संयोजक समझ रहे थे जिसके कारण उन्होंने इसके ऑक्साइड का सूत्र ScO_2 रखा। उन्होंने इसका परमाणु भार ज्ञात नहीं किया, केवल इसका संभावित मान बताया (160-180)। और, अंत में नील्सन ने यह सुझाव रखा कि आवर्त सारणी में स्कैन्डियम को टिन और थोरियम के बीच में रखना चाहिए जो मेंडेलीफ के पूर्वानुमान के विरुद्ध था।

स्कैन्डियम की खोज से वैज्ञानिक जगत् काफी उत्तेजित हुआ तथा नील्सन के हमवतनी क्लेवे ने इस नए तत्त्व के अध्ययन का बीड़ा उठाया। उन्होंने 5 महीने

तक इसका बड़ी बारीकी से अध्ययन किया तथा वे इस निष्कर्ष पर पहुँचे कि नील्सन द्वारा प्राप्त कई परिणाम गलत थे। 18 अगस्त को क्लेवे ने पेरिस विज्ञान अकादमी के सामने एक लेख पढ़ा जिसके द्वारा वैज्ञानिकों को स्कैन्डियम के बारे में बहुत सारी नयी बातें पता चलीं। यह त्रिसंयोजक तत्त्व निकला, इसके ऑक्साइड का सूत्र Sc_2O_3 था; इसके गुण नील्सन द्वारा बताए गुणों से काफी भिन्न थे। क्लेवे का एक निष्कर्ष बहुत महत्त्वपूर्ण था स्कैन्डियम मेंडेलीफ द्वारा पूर्वानुमानित एक-बोरॉन था। क्लेवे ने एक सारणी दिखाई जिसके बाएँ कालम में एका-बोरॉन के गुण तथा दाएँ कालम में स्कैन्डियम के गुण दिए गए थे। अगले दिन क्लेवे ने मेंडेलीफ को एक पत्र भेजा जिसमें निम्न शब्द लिखे : "मुझे आपको इस बात की सूचना देते हुए बड़ा गर्व हो रहा है कि आपका तत्त्व, एक-बोरॉन प्राप्त कर लिया गया है। यह स्कैन्डियम है जिसे इस शरद् में नील्सन ने खोजा है।"

10 सितंबर को क्लेवे ने स्कैन्डियम पर एक बड़ा लेख प्रकाशित किया जिससे यह स्पष्ट था कि उन्हें इस तत्त्व के बारे में नील्सन से ज्यादा जानकारी थी। अतः वे इतिहासकार सच कहते हैं जो नील्सन के साथ-साथ क्लेवे को भी स्कैन्डियम का खोजी मानते हैं।

काफी लंबे अर्से तक नील्सन स्कैन्डियम के कुछ झूठे गुणों के भ्रम में पड़े रहे और इसकी एका-बोरॉन के साथ समानता को अस्वीकार करते रहे। परंतु क्लेवे के कार्यों से वे काफी प्रभावित हुए और आखिरकार उन्हें अपनी गलती माननी ही पड़ी।

वक्त गुजरने पर मेंडेलीफ के सारे पूर्वानुमान सत्य सिद्ध होते गए। धात्विक स्कैन्डियम के घनत्व के पूर्वानुमान की पुष्टि ऐसी आखिरी घटना थी। केवल 1937 में जर्मन रसायनज्ञ फिशर 98% शुद्ध स्कैन्डियम प्राप्त कर सके। इसका घनत्व $3.0 g/cm^3$ था अर्थात् बिल्कुल उतना ही निकला जितना मेंडेलीफ ने बताया था।

जर्मेनियम

मेंडेलीफ तथा पूर्वानुमानित तीनों तत्त्वों में एक-सिलिकन की खोज सबसे आखिर में हुई तथा इसकी खोज अन्य दोनों तत्त्वों के मुकाबले एक संयोग की बात थी। वास्तव में डि बुआबोडरान द्वारा गैलियम की खोज उनके स्पेक्ट्रमदर्शी अनुसंधान के साथ संबंधित थी तथा नील्सन और क्लेवे द्वारा स्कैन्डियम की खोज दुर्लभ मृदा तत्त्वों के अनुसंधान के साथ संबंधित थी, जो उन दिनों विस्तारपूर्वक किया जा रहा था।

एका-सिलिकन का पूर्वानुमान करते हुए मेंडेलीफ ने यह अंदाजा लगाया कि

यह धातु उन खनिजों में मिलनी चाहिए जिनमें Ti, Zr, Nb तथा Ta उपस्थित होते हैं। इस पूर्वानुमानित तत्त्व की खोज के उद्देश्य से वे खुद कुछ विरल खनिजों का अध्ययन करना चाहते थे, परंतु यह बात उनकी किस्मत में नहीं लिखी थी और एक-सिलिकन की खोज में 15 साल और लग गए।

1885 की ग्रीष्म में फ्रेबर्ग के पास हिमेलफर्स्ट खान (जर्मनी) में एक नया खनिज मिला। इसका नाम ('आर्जिरोडाइट' रखा गया क्योंकि इसके रासायनिक विश्लेषण से रजत (लातीनी नाम अर्जेन्टम) प्राप्त हुआ था। परंतु इस खनिज का ठीक गठन जानने में सफलता नहीं मिली। फ्रेबर्ग खनन अकादमी ने रसायनज्ञ विन्कलर को यह काम सौंप दिया। विश्लेषण कोई ज्यादा मुश्किल नहीं था और शीघ्र ही विन्कलर ने इस खनिज में निम्न अवयव उपस्थित पाए : 74.72% रजत, 17.43% सल्फर, 0.66% लौह ऑक्साइड (II), 0.22% जिंक ऑक्साइड तथा 0.31% मर्करी। विन्कलर को यह देखकर बड़ा आश्चर्य हुआ कि अवयवों की कुल मात्रा 100% न होकर केवल 93.04% थी। विन्कलर ने कितनी बार प्रयोग दोहराए पर हर बार 6.96% मात्रा कम पड़ी रही थी।

तब विन्कलर ने यह सोचना शुरू कर दिया कि गायब मात्रा एक अज्ञात तत्त्व था। इस विचार में प्रेरित होकर उन्होंने खनिज का बारीकी से अध्ययन शुरू कर दिया और फरवरी 1886 में एक-सिलिकन की खोज से संबंधित मुख्य घटनाएँ घटीं।

6 फरवरी को जर्मन रसायन सोसाइटी की सभा में विन्कलर ने यह सूचना दी कि उन्हें नए तत्त्व के कुछ यौगिक प्राप्त हुए हैं तथा वे तत्त्व को स्वतंत्र रूप में प्राप्त करने में सफल हुए हैं। वैज्ञानिक की इस रिपोर्ट को प्रकाशित करके विश्व के विभिन्न अनुसंधान-संस्थानों में भेज दिया गया। रूसी भौतिक-रसायन सोयाइटी को निम्न शब्दों वाली सूचना मिली : "लेखक को यह बताते हुए प्रसन्नता हो रही है कि उसे आर्जिरोडाइट में एक नया आध्यात्मिक तत्त्व मिला है जिसके गुण आर्सेनिक और ऐंटिमनी से मिलते हैं। लेखक ने इसका नाम 'जर्मेनियम' रखा है। आर्जिरोडाइट एक नया खनिज है जो वैसबाख को फ्रेबर्ग में मिला है तथा इसके अंदर रजत, सल्फर और जर्मेनियम उपस्थित हैं।"

इस पत्र में तीन बातें ध्यान देने योग्य हैं : पहली बात यह कि विन्कलर ने नए तत्त्व को अधातु माना; दूसरी यह कि उन्होंने इसे आर्सेनिक तथा ऐंटिमनी के सदृश समझा और तीसरी यह कि तत्त्व का नाम भी रख दिया गया। आरंभ में विन्कलर इसका नाम 'नेप्टयूनियम' रखना चाहते थे, परंतु यह नाम पहले ही एक दूसरे तत्त्व को दिया जा चुका था (यह झूठी खोज थी)। अतः वैज्ञानिक ने अपने

देश जर्मनी के सम्मान में इसका नाम जर्मेनियम रख दिया। यह नाम आगे चलकर विस्तृत रूप में स्वीकार कर लिया गया, हालांकि कई रसायनज्ञों ने इसे तुरंत मान्यता नहीं दी।

आगे चलकर यह पता चला कि जर्मेनियम भी काफी हद तक दुहरी प्रकृति का होता है जिसके कारण इसे अधातु कहना एक त्रुटि नहीं हो सकता। सबसे ज्यादा बहस इस बात पर हो रही थी कि जर्मेनियम किस तत्त्व का सदृश था। विन्कलर ने अपनी पहली रिपोर्ट में आर्सेनिक और ऐंटिमनी का नाम लिया, परंतु जर्मन रसायनज्ञ रिख्तर इस बात से सहमत नहीं थे। उनके विचारानुसार जर्मेनियम संभवतः एका-सिलिकन का सदृश था। लगता है कि जर्मेनियम के आविष्कारक पर रिख्तर की बात का असर हुआ। 26 फरवरी को उन्होंने मेंडेलीफ को एक पत्र लिखा जिसमें साफ-साफ कह दिया : "पहले मैं यह समझ रहा था कि यह तत्त्व आपके द्वारा सोच-समझ कर बनायी अद्वितीय आवर्त सारणी में ऐंटिमनी और बिस्मथ के बीच वाली खाली जगह भर देगा तथा यह तत्त्व आपके एका-ऐंटिमनी से मिल जाएगा, परंतु तथ्य यह कह रहे हैं कि हमारा वास्ता एका-सिलिकन के साथ पड़ रहा है।

मेंडेलीफ के बधाई पत्र का विन्कलर ने यह उत्तर भेजा। यह बात सच है कि मेंडेलीफ ने ऐंटिमनी-जर्मेनियम के सादृश्य को गलत माना, परंतु उन्होंने जर्मेनियम को एका-सिलिकन भी स्वीकार नहीं किया। लगता है कि उन्हें नए तत्त्व के प्राकृतिक स्रोत ने आश्चर्य में डाल दिया था जो उनके द्वारा पूर्वानुमानित स्रोतों (टाइटेनियम और जिर्कोनियम के अयस्कों) के साथ किसी तरह की समानता नहीं रखता था। आवर्त नियम के खोजी ने एक और परिकल्पना प्रस्तुत की : जर्मेनियम कैडमियम का सदृश—एका-कैडमियम है।

अगर गैलियम और स्कैन्डियम की प्रकृति बिना किसी संदेह के स्थापित कर दी गयी, तो जर्मेनियम के मामले में मेंडेलीफ इतने निश्चित नहीं थे। परंतु यह अनिश्चितता शीघ्र ही निश्चितता में बदल गयी और 2 मार्च को मेंडेलीफ ने विन्कलर को एक टेलीग्राम भेजा जिसमें जर्मेनियम और एक-सिलिकन की समात्मिकता स्वीकार करने की सूचना भेजी।

शीघ्र ही 'रूसी भौतिक-रसायन सोसाइटी के जर्नल' नामक पत्रिका में विन्कलर का बड़ा लेख प्रकाशित हुआ जिसका शीर्षक निम्न था : 'जर्मेनियम-एक नया तत्त्व।' इसमें एका-सिलिकन के पूर्वानुमानित गुणों तथा जर्मेनियम के वास्तविक गुणों के बीच अद्वितीय समानता का नए सिरे से वर्णन किया गया था।

अज्ञात रासायनिक तत्त्वों की पूर्वसूचना

गैलियम, स्कैन्डियम तथा जर्मेनियम की खोजों का इतिहास यह बताता है कि इन तत्त्वों की खोज पर आवर्त नियम तथा आवर्त सारणी का कोई असर नहीं पड़ा था। परंतु मेंडेलीफ ने एका-ऐलुमिनियम, एका-बोरॉन तथा एका-सिलिकन के गुणों का जो पूर्वानुमान किया था, वे गुण गैलियम, स्कैन्डियम तथा जर्मेनियम में मिल गए थे। मेंडेलीफ ने प्रकृति में इन तत्त्वों की खोज से काफी पहले ही इनके मुख्य गुण बता दिए थे। क्या यह तथ्य आवर्त सारणी की पूर्वानुमान-शक्ति का सबूत नहीं है?

गैलियम की खोज तथा इसकी एका-ऐलुमिनियम के साथ समात्मिकता आवर्त सारणी तथा तत्त्वों की खोज के इतिहास में अतिमहत्त्वपूर्ण घटना बन गयी। 1875 के बाद वे वैज्ञानिक भी आवर्त सारणी को मान्यता देने लगे, जो पहले इसकी उपेक्षा कर रहे थे। इनके बीच में कई सर्वोत्तम अनुसंधानकर्ता थे जैसे बुन्सन (स्पेक्ट्रमदर्शी विश्लेषण के जन्मदाता)। यें वही वैज्ञानिक थे जिन्होंने एक बार यह कह दिया था कि तत्त्वों का वर्गीकरण वैसा काम है जैसे कि शेयर मार्किट के भावों में नियमितता का ढूँढ़ना। क्लेवे भी इन वैज्ञानिकों में शामिल थे, जिन्होंने अपने व्याख्यानों में एक बार भी आवर्त सारणी की चर्चा नहीं की थी। स्कैन्डियम तथा जर्मेनियम की खोज मेंडेलीफ के पूर्वानुमान सिद्धांत की विजय थी।

इन 3 क्लासिक्ल तत्त्वों के अलावा मेंडेलीफ ने कुछ अन्य अज्ञात तत्त्वों की उपस्थिति का पूर्वानुमान भी किया था। 1870 में वैज्ञानिक ने अपनी प्रणाली में कुल 10 खाली जगह छोड़ रखी थीं। उनके सातवें ग्रुप में खाली खाने रह गए, जहाँ न तो मैंगनीज के सदृशरूप थे और न ही भारी आयोडीन के (सबसे भारी हैलोजन, जिसमें धातु के गुण विद्यमान होने चाहिए थे)।

मेंडेलीफ के लेखों में हम एक-, द्वि-, त्रि- मैंगनीज और एका-आयोडीन के नाम पढ़ते हैं। वैज्ञानिक को इनके अस्तित्व में पक्का विश्वास था। परंतु यहाँ हमें एक मजेदार तथ्य दिखाई देता है। एका-मैंगनीज (भावी टैक्नीशियम) तथा एका-आयोडीन (भावी ऐस्टैटीन) कृत्रिम रूप में संश्लिष्ट किए गए। स्वाभाविक था कि मेंडेलीफ को प्रकृति में इनकी अनुपस्थिति की बात पता नहीं थी। उन्हें इनकी उपस्थिति में पूरा विश्वास था क्योंकि इन तत्त्वों से आवर्त सारणी में खाली जगहें भर दी गयी थीं।

पूर्वानुमान के दो चरण होते हैं : प्रकृति में किसी तत्त्व के अस्तित्व का पूर्वानुमान तथा उसके मुख्य गुणों का पूर्वानुमान। पहला चरण मेंडेलीफ के लिए

तुकबांजी का काम था क्योंकि उस वक्त किसी को भी विघटनाभिकता की जानकारी नहीं थी जो कुछ तत्त्वों का जीवन काल इतना कम कर देती है कि पृथ्वी पर उनका अस्तित्व असंभव हो जाता है या अगर वे बने रहे सकते हैं तो केवल इस कारण कि वे दीर्घायु वाले तत्त्वों (थोरियम तथा यूरेनियम) के विघटनाभिक रूपान्तरण के उत्पाद होते हैं।

दूसरा चरण पूरी तरह से मेंडेलीफ के हाथ में था तथा उनके विश्वास पर निर्भर था। कभी-कभी वैज्ञानिक ने साहस तथा विश्वास के साथ तत्त्वों के पूर्वानुमान किए। एका-ऐलुमिनियम, एका-बोरॉन तथा एका-सिलिकन के साथ ऐसा हुआ; इन तत्त्वों को आवर्त सारणी के उस हिस्से में रखा जाना था जहाँ कई ज्ञात तथा भली भांति अध्ययन किए गए तत्त्व रखे जा चुके थे--विश्वसनीय पूर्वानुमान का क्षेत्र। कभी-कभी मेंडेलीफ ने अज्ञात तत्त्वों के गुणों का पूर्वानुमान बड़ी सावधानी से किया। इनमें मैंगनीज, आयोडीन, टेल्यूरियम के सदृशरूप तथा सातवें आवर्त के आरंभ में गायब तत्त्व एका-सीजियम, एका-बोरियम, एका-लैन्थेनम, एका-टैन्टेलम शामिल थे। यहाँ मेंडेलीफ अंधेरे में हाथ-पैर मार रहे थे। वे केवल इन तत्त्वों के परमाणु भारों तथा ऑक्साइडों के रूपों के सुझाव पेश करते थे। मेंडेलीफ का विचार था कि उन अज्ञात तत्त्वों के गुणों का पूर्वानुमान मुश्किल था क्योंकि वे प्रणाली की सीमाओं पर स्थित थे और उनके चारों ओर ज्ञात तत्त्वों की संख्या बहुत कम थी। यह अनिश्चित पूर्वानुमान का क्षेत्र था। स्पष्ट है कि दुर्लभ मृदा तत्त्व भी इनमें शामिल थे।

अंत में आवर्त सारणी के कुछ भागों में पूर्वानुमान बिल्कुल ही अविश्वसनीय थे। इनमें हाइड्रोजन से हलके तथा यूरेनियम से भारी अभिकल्पित तत्त्व शामिल थे। मेंडेलीफ ने कभी नहीं सोचा था कि आवर्त सारणी हाइड्रोजन से शुरू होनी चाहिए। उन्होंने एक लेख तक लिखा जिमसें हाइड्रोजन से पूर्ववर्त्ती दो तत्त्वों का वर्णन किया। जब भौतिकविदों ने आवर्त सारणी का स्पष्टीकरण दिया, तब मेंडेलीफ की गलती स्पष्ट हो गयी : हाइड्रोजन परमाणु के नाभिक का आवेश सबसे कम होता है (1 के बराबर)। जहाँ तक यूरेनियम से भारी तत्त्वों की बात थी मेंडेलीफ ने केवल कुछ गिने चुने तत्त्वों के अस्तित्व की बात स्वीकार की, परंतु इनके गुणों का पूर्वानुमान करने की हिम्मत नहीं की। इस प्रकार के पूर्वानुमान काफी देर बाद किए गए, जिन्होंने विज्ञान के इतिहास में महत्त्वपूर्ण घटनाओं को जन्म दिया।